GABRIEL BECKER

MOTORSCHLEPPER

MOTORSCHLEPPER
FÜR INDUSTRIE UND LANDWIRTSCHAFT

Ergebnisse der wissenschaftlichen Untersuchung von Motorschleppern, ausgeführt im Auftrage des Reichsverkehrsministers und des Reichsministers für Ernährung und Landwirtschaft in der Versuchsanstalt für Kraftfahrzeuge der Technischen Hochschule zu Berlin

von

GABRIEL BECKER

PROF. DR.-ING.

M i t 1 9 2 A b b i l d u n g e n

VERLAG VON M. KRAYN / BERLIN W

1 9 2 6

Inhaltsverzeichnis.

Seite

Vorbemerkung 7

I. Teil. Allgemeine Erkenntnisse für den Bau von Schleppern 11

Nutzzugkräfte auf dem Acker, Gewichtsausnutzung . . . 13

Nutzzugkräfte auf der Straße und Schlupf 16

Bauart der Laufwerke der Radschlepper und Raupenschlepper 17

Zweiradantrieb hinten 17

Zweiradantrieb vorn 18

Vierradantrieb 18

Raupen 19

Arbeitsgeschwindigkeiten der Schlepper 20

Bereifung und Straßenbeanspruchung 23

Energieverluste im Getriebe und Schlepperlaufwerk . . . 23

Bauart der Getriebe und Getriebeverluste 28

Belastung der Triebwerkzahnräder 30

Triebwerksverluste 32

Motoren 33

Leistungsfähigkeit der Motoren 36

Brennstoffverbrauch 37

Abnutzung der Motoren 38

Schlußfolgerung 45

II. Teil. Ergebnisse der einzelnen Schlepperuntersuchungen 51

Versuchsverfahren und Versuchsgliederung 53

Übersicht über die in der wissenschaftlichen Untersuchung ermittelten Betriebswerte der Schlepper 60

Verwendete Betriebsstoffe 60

Versuchsergebnisse am WD-Schlepper 62

„ an der Pöhl-Ackerbaumaschine . . . 75

„ am Lanz-Schlepper, Felddank . . . 89

„ am Lanz-Schlepper, Acker-Bulldog . 107

„ am Benz-Sendling-Schlepper . . 111

„ am MTW-Raupenschlepper 117

Versuchsergebnisse am Fordson-Schlepper 125
„ am Cletrac-Raupenschlepper . . . 143
„ am Holt-Raupenschlepper 161
„ am Bear-Raupenschlepper 179
„ am Renault-Raupenschlepper . . . 194
Gummibereifung und Straßenbeanspruchung bei Radschleppern. Ergebnisse von Reifenuntersuchungen am Fordson-Schlepper . 209
Kennzeichnung der Versuchsreifen 209
Versuchsverfahren 211
Statische Federung der Versuchsreifen 213
Auflagefläche und Bodenpressung 213
Dynamische Federung, Sprunghöhen, Bahndrücke 216

VORBEMERKUNG.

Der Herr Reichsverkehrsminister und der Herr Reichsminister für Ernährung und Landwirtschaft haben zur Förderung der Motorisierung der deutschen Landwirtschaft im Jahre 1925 einen Wettbewerb für Kleinkraftschlepper veranstaltet. In diesem Wettbewerb war die wissenschaftliche Untersuchung von sechs an dem Wettbewerb beteiligten Schleppern der Versuchsanstalt für Kraftfahrzeuge an der Technischen Hochschule zu Berlin übertragen.

Die beiden vorgenannten Herren Reichsminister haben mich anschließend an den Wettbewerb mit der Untersuchung ausländischer Schlepper beauftragt.

Dem Herrn Reichsverkehrsminister und Herrn Reichsminister für Ernährung und Landwirtschaft danke ich für die Initiative und Bereitstellung der Mittel für die Durchführung der wissenschaftlichen Schlepperuntersuchungen, den Herren Ministerialräten, Geheimen Regierungsräten Pflug und Dr. Müller für ihre wertvollen Anregungen bei der Ausführung meiner Arbeiten.

Die Nebraska State University in Lincoln hat mir die Meßwerte aus ihren sehr zahlreichen amtlichen Schlepperuntersuchungen bereitwilligst zur Verfügung gestellt und mir einen vollständigen Einblick in die Versuchseinrichtungen und Prüfmethoden bei meinem vorjährigen Besuch in Lincoln gewährt.

Der Nebraska State University, insbesondere dem Herrn Vorsitzenden der Prüfungskommission O. W. Sjogren und Herrn Professor E. E. Brackett ist für ihr außerordentliches Entgegenkommen bei dem Studium der Versuchseinrichtungen, Prüfungsverfahren und der Überlassung aller Versuchsergebnisse im Geiste internationaler wissenschaftlicher Gemeinschaftsarbeit zu danken.

Mit dieser Schrift übergebe ich das Ergebnis meiner Schlepperuntersuchungen, welche von Juli 1925 bis Juli 1926 ausgeführt worden sind.

Bei der Durchführung der Untersuchungen und der Auswertung und Bearbeitung der Ergebnisse haben mich meine Mitarbeiter tatkräftigst und mit Aufopferung unterstützt, und zwar:

bei den gesamten Arbeiten:

Herr Dipl.-Ing. A. Kauffmann als Oberingenieur der Versuchsanstalt,
Herr Dipl.-Ing. H. Maruhn als Versuchsingenieur;

bei den Teilaufgaben die Mitarbeiter:

Herr Dipl.-Ing. E. Bücking,
„ „ „ E. Kraft,
„ „ „ A. Haesner,
„ „ „ E. Schumann;

ferner die Herren:

P. Helf,
G. Wiesner,
R. Hermany

sowie Frl. E. Hey'l-Biebrach;

bei der Anfertigung der Versuchseinrichtungen und bei dem Versuchsbetrieb die Schlosser und Mechaniker:
B. Benke, H. Christian, P. Lepke, H. Müller, Meister W. Sudbröker, E. Killinger und das Hilfspersonal der Versuchsanstalt.

In der Versuchsanstalt für Kraftfahrzeuge der Technischen Hochschule zu Berlin wurden unter meiner Leitung folgende Schlepper untersucht:

a) Im Rahmen des Wettbewerbes für Kleinkraftschlepper 1925:

1. W. D. Motorschlepper der Fa. Deutsche Kraftpflug-Gesellschaft G. m. b. H., Berlin W 35, Potsdamer Straße 31.
2. Pöhl Ackerbaumaschine der Fa. Pöhl-Werke, Gößnitz i. Sa.
3. Lanz Felddank der Fa. Heinrich Lanz, Mannheim.
4. Lanz Ackerbulldog der Fa. Heinrich Lanz, Mannheim.
5. Benz Sendlingschlepper (Dieselmotor) der Fa. Benz-Sendling Motorpflüge G. m. b. H., Berlin NW 7, Unter den Linden 57/58.
6. M. T. W. Raupenschlepper der Fa. Heinrich Wilhelm Ritscher, Abt. Moorburger Trekkerwerke, Hamburg 5, Lindenplatz.

b) Im Anschluß an den Wettbewerb:

7. Fordson Tractor der Fa. Ford Motor Co., Detroit, U. S. A.
8. Cletrac Tractor Modell K der Cleveland Tractor Co., Ohio, U. S. A.
9. 2 Ton Holt Tractor der Caterpillar Tractor Co., Peoria Ill. U. S. A.
10. Bear Tractor Modell B der Bear Tractor Incorp., New York N. Y. U. S. A.
11. Renault Tractor Type H. I. der Societé Anonyme des Usines, Billancourt, Seine.

Die gesamten Ergebnisse der Untersuchungen sind auf zwei Abschnitte verteilt.

Der erste Abschnitt faßt die gewonnenen allgemeinen Erkenntnisse für den Bau von Schleppern zusammen, der zweite Abschnitt enthält die Ergebnisse der einzelnen Schlepperuntersuchungen.

Charlottenburg, im Juli 1926.

Gabriel Becker.

E R S T E R   T E I L

ALLGEMEINE ERKENNTNISSE
FÜR DEN
BAU VON SCHLEPPERN

nach den Ergebnissen der im II. Teil enthaltenen Einzeluntersuchungen der Versuchsanstalt für Kraftfahrzeuge der Technischen Hochschule zu Berlin und der amtlichen Prüfungen der Nebraska State University in Lincoln, Nebr.

Das Ziel der Motorisierung von Industrie und Landwirtschaft ist die Steigerung der Arbeitsleistungen und der Wirtschaftlichkeit gegenüber dem früheren Zustande, in welchem man auf die Verwendung menschlicher und tierischer Arbeitskräfte angewiesen war.

Das Maß für die Arbeitsleistungen der Schlepper sind die Nutzzugleistungen, welche am Zughaken für Arbeitsgeräte zur Verfügung stehen. Diese Nutzzugleistung ist das Produkt aus der Nutzzugkraft am Zughaken und der Arbeitsgeschwindigkeit der Schlepper.

Im Gegensatz zu den Kraftwagen tragen die Schlepper keine Nutzlast und müssen daher große Nutzzugleistungen bei kleinen Gewichten erzeugen. Die Herstellung der Schlepper und auch ihre Unterhaltungs- und Betriebskosten sind unbeschadet anderer baulicher Einflüsse geringer, wenn der Baustoffaufwand, d. h. das Gewicht der Schlepper, klein ist.

Eine wissenschaftliche Erörterung der Grundlagen für den Bau von Motorschleppern muß die Nutzleistungen der Schlepper, ihre Wirtschaftlichkeit und die Abhängigkeit dieser Eigenschaften von baulichen Eigenarten kennzeichnen.

Zunächst ist Aufschluß darüber zu gewinnen, welche Zugkräfte von den verschiedenen Schlepperbauarten in Abhängigkeit von ihren Gewichten erreicht werden.

Nutzzugkräfte auf dem Acker.

In Abb. 1 sind die Nutzzugkräfte auf dem Acker von über hundert Schleppern verschiedener Bauarten und Gewichte eingetragen. Die einzelnen Werte des Bildes sind mit Zahlen bezeichnet, welche mit den Nummern der Schlepper in der Tabelle Seite 45 u. f. übereinstimmen. Das Bild enthält nur die Werte ausländischer Schlepper. Die untersuchten inländischen Schlepper ergeben aber dieselben Schlußfolgerungen. Abb. 1 zeigt als Abszisse die Gewichte der betriebsfertigen Schlepper ohne Fahrer und als Ordinate die Nutzzugkräfte der einzelnen Schlepper auf dem Acker und mit den verschiedenen Schaltgängen. Die Polstrahlen durch den Nullpunkt, welche mit 20 %, 40 % usw. bezeichnet sind, kennzeichnen das Verhältnis von Nutzzugkraft zu Gewicht. Diejenigen Schlepper, deren Werte z. B. am Polstrahl 100 % liegen, erreichen eine Nutzzugkraft in der Höhe ihres Gewichtes. In der Abbildung sind die Radschlepper durch Punkte und die Raupenschlepper durch

Kreuze markiert. Die auf dem Acker mit dem Ackergang erreichten größten Nutzzugkräfte der Raupenschlepper sind durch die stark ausgezogene Zickzacklinie, die der Radschlepper durch die stark gestrichelte Zickzacklinie gekennzeichnet.

Wie Abb. 1 in den beiden starken Linienzügen zeigt, sind die Nutzzugkräfte im Ackergang bei den Radschleppern und den Raupenschleppern annähernd gleich, wenn man zunächst von den besonders zu kennzeichnenden Spitzenwerten absieht. Auch zeigen beide Schlepperarten die charakteristische stetige Abnahme der Gewichtsausnutzung mit höheren Schleppergewichten. Bei den leichten Schleppern werden etwa 80 %, bei den mittelschweren Schleppern von 2000 bis 3500 kg Gewicht 60—70 % und bei den schweren Schleppern etwa 50 % des Gewichtes für Zugkraft ausgenutzt.

Ein Spitzenwert, Punkt 99 I, ist dem Cletrac-Raupenschlepper (Einzeluntersuchung vgl. II. Teil) eigen, welcher bei 2100 kg Gewicht 1985 kg zieht und 95 % Gewichtsausnutzung hat. Die Gründe hierfür liegen in der günstigen Durchbildung der Cletrac-Raupenlaufwerke und der Schwerpunktlage, auf welche noch näher eingegangen wird.

Auch ein anderer Spitzenwert von 70 % der Gewichtsausnutzung im Ackergang, Punkt 17 II, des Bear-Raupenschleppers (Einzeluntersuchung vgl. II. Teil) ist im Zusammenhang mit der später erläuterten Bauart seines Raupenlaufwerkes bemerkenswert.

Der Fordson-Radschlepper (vgl. auch II. Teil), Punkt 83, liegt mit 54 % Gewichtsausnutzung im Ackergang weit unter den besten Werten der Radschlepper dieser Gewichtsklasse und zwar infolge seiner kleinen Raddurchmesser. Das gilt auch für die übrigen Schlepper ähnlicher Bauart mit kleinen Raddurchmessern, während die größeren Raddurchmesser bessere Gewichtsausnutzung ermöglichen.

In Abb. 1 ist die Gewichtsausnutzung bei den niedrigeren und höheren Schaltgängen zusätzlich zu derjenigen beim Ackergang eingetragen. Die beim n i e d r i g s t e n Schaltgang erreichte Gewichtsausnutzung der Raupenschlepper ist durch die dünn ausgezogene Zickzacklinie, die der Radschlepper durch die dünn gestrichelte Zickzacklinie gekennzeichnet. Die Radschlepper haben im ersten Gang keine bessere Gewichtsausnutzung als im Ackergang (Unterschied zwischen der dünn und dick gestrichelten Zickzacklinie). Obwohl das Antriebsmoment im ersten Gang größer ist, zieht der Schlepper nicht mehr, sondern verliert das Mehr an

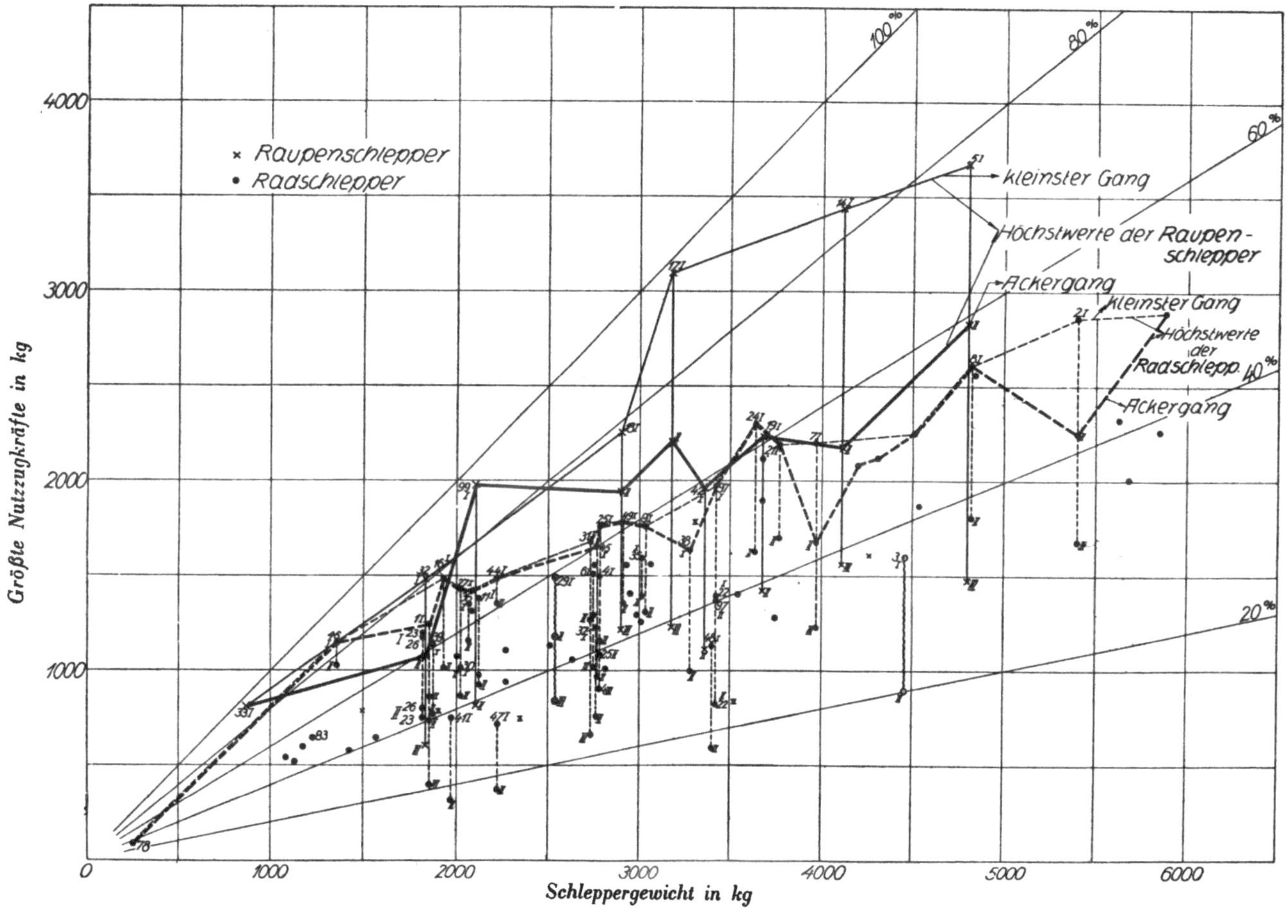

Abb. 1. Gewichtsausnutzung der Schlepper für Nutzzugkraft.

Drehmoment durch Schlupf. Nur diejenigen Schlepper z. B. Nr. 2 und Nr. 7, welche ihr Gewicht im Ackergang schlecht ausnutzen, rücken in die Grenzlinie der Höchstwerte des Ackerganges durch Umschalten auf den niedrigsten Gang ein.

Dieser Mangel einer Zugkraftreserve des Radschleppers hat zur Folge, daß der Radschlepper steckenbleibt, sobald eine Widerstandssteigerung bei der Ackerarbeit auftritt.

Im Gegensatz zu den Radschleppern weisen die Raupenschlepper, insbesondere die schwereren, eine wesentliche Steigerung der Gewichtsausnutzung beim Umschalten vom Ackergang auf den ersten Gang auf (Unterschied zwischen der dünn und dick ausgezogenen Zickzacklinie). Z. B. zieht der Baer-Raupenschlepper, Punkt 17 I, 3090 kg beim ersten Gang gegenüber 2200 kg beim zweiten Gang (Ackergang). Diese Werte entsprechen einer Gewichtsausnutzung von 97 % beim ersten und 70 % beim zweiten Gang.

Ergänzend sei auf die Werte einiger Sonderbauarten hingewiesen. Ein Schlepper mit Vorderrädern aber Raupen hinten, dessen Werte in den durch eine Wellenlinie verbundenen Punkten 29 I, II, III angegeben sind, fällt mit 58 % größter Gewichtsausnutzung im ersten Gang noch unter den Höchstwert von 64 % der reinen Radschlepper gleichen Gewichtes.

Ein Radschlepper mit Antrieb der beiden vorderen Räder und 4460 kg Gewicht (Punkt 3 in Abb. 1) erreicht eine geringe Gewichtsausnutzung von nur 20—37 %.

Nutzzugkräfte auf der Straße.

In den Schleppversuchen auf trockener, halbnasser und nasser ungeteerter Macadamstraße und auf trockener Macadamstraße mit Oberflächenteerung sind die in Abb. 2 zusammengestellten Ergebnisse gewonnen worden. Die Abszisse zeigt das Schleppergewicht, die Ordinate die erreichten größten Nutzzugkräfte am Zughaken.

Wir sehen aus den Werten des MTW-Raupenschleppers, des Fordson- und WD-Radschleppers mit kleinen Triebrädern, und des Pöhl-Radschleppers mit großen Triebrädern, daß im Gegensatz zur Arbeitsleistung auf dem Acker weder der Unterschied in der Bauart, d. h. Räder oder Raupen, noch die Größe der Räder eine Rolle spielen. Die besten Werte haben sogar WD und Fordson mit kleinen Rädern und erreichen Zugkräfte von je 49 % ihres Gewichtes. Der WD-Schlepper erzielt sogar 54 %, aber auf trockener, geteerter Macadamstraße. Offenbar wird die Höhe der Gewichts-

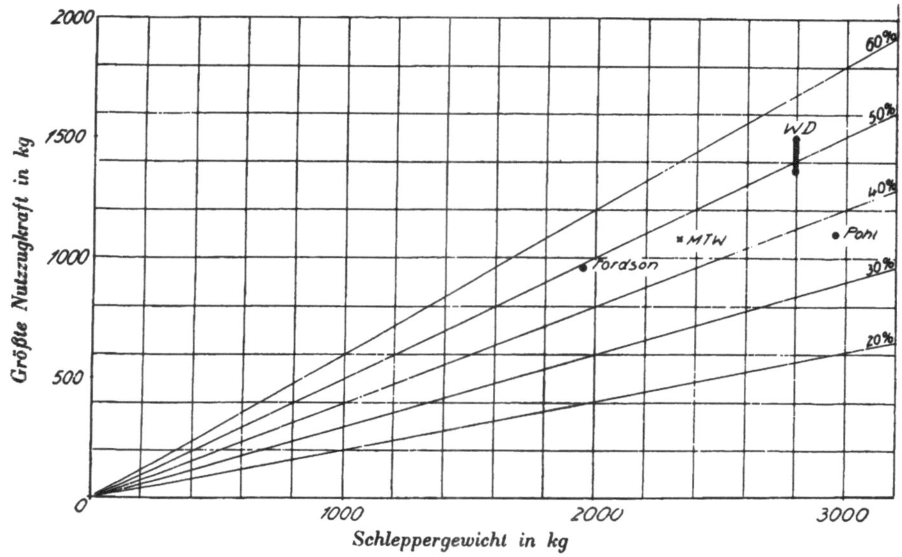

Abb. 2. Nutzzugkräfte auf der Straße bei Gummibereifung.

ausnutzung bei gleichwertiger Reifenart und gleicher Straßenbeschaffenheit dadurch entschieden, wieweit das ganze Schleppergewicht als Adhäsionsgewicht auf die Triebräder dynamisch verlagert wird.

Bei den in Abb. 2 verglichenen Schleppern haben die beiden Schlepper mit den Bestwerten, WD und Fordson, die beste Ausnutzung des Schleppergewichtes als Adhäsionsgewicht. Manche Radschlepper sind zu kopflastig und manche Raupenschlepper zu hinterlastig; daher schrumpft die Raupenauflage in der Arbeit sehr zusammen.

Bauart der Laufwerke der Radschlepper und Raupenschlepper.

Die notwendige hohe Ausnutzung des Schleppergewichtes für Zugkraft und die hierüber gewonnenen Aufschlüsse gestatten eine Kritik der verschiedenen Laufwerkssysteme.

Zweiradantrieb, hinten.

Beim Zweiradantrieb der Hinterachse verlagert sich infolge des den Schlepper vorne aufrichtenden Reaktionsmomentes die Gewichtsbelastung der Vorderräder mit zunehmender Belastung auf die Hinterachse. Hierdurch tritt eine Art Selbstregulierung des Adhäsionsgewichtes der Triebräder in Abhängigkeit vom Antriebsmoment ein.

Günstig ist eine Lage des Schwerpunktes des Schleppers, welche bei größter Schleppertriebleistung eine volle Ausnutzung des Schleppergewichtes als Adhäsionsgewicht der Hinterräder gibt. Für die Vorderräder reichen sehr geringe Belastungen aus, um die Lenkfähigkeit des Schleppers zu erhalten. Voraussetzung hierfür ist aber, daß die Zugkräfte in der Mitte der Hinterachse angreifen, weil sonst Momente entstehen, welche den Schlepper aus seiner Bahn zu schwenken suchen.

Bei den Bauarten Fordson und WD (Abb. 40) ist das Adhäsionsgewicht in Leerfahrt 65 % des Gesamtgewichtes, dagegen bei der Höchstleistung im Ackergang (zweiter Gang) schon 88 % und steigt im ersten Gang im obersten Leistungsbereich auf den vollen Betrag des Schleppergewichtes.

Auch bei den schweren Schleppern, z. B. Lanz-Felddank (Abb. 59) wird die dynamische Gewichtsverlagerung auf die Hinterachse bis zum vollen Betrage des Schleppergewichtes für die Bodenadhäsion ausgenutzt (Abb. 76).

Wenn eine vollständige dynamische Entlastung der Vorderachse eintreten und der Schlepper rückwärts umschlagen kann, müssen besondere Fangvorrichtungen vorgesehen werden.

Zweiradantrieb, vorn.

Die bereits erwähnte geringe Gewichtsausnutzung von nur 20 bis 36 % eines Schleppers dieser Bauart mit nur Vorderradantrieb ist durch die Entlastung der Vorderräder bei zunehmender Leistung verursacht. Der Vorderradantrieb ist daher grundsätzlich falsch, weil sich das Gewicht des Schleppers nicht auf die Triebräder, diese sind hier die Vorderräder, sondern auf die leerlaufenden Hinterräder verlagert.

Vierradantrieb.

Für die meisten Verwendungszwecke haben die leichteren Schlepper ausreichend geringe Bodenpressung und können infolge der dynamischen Verlagerung des Gewichtes auf die Hinterachse ihr Gesamtgewicht als Adhäsionsgewicht der Hinterräder ausnutzen.

Vierradantrieb gibt nur dann Vorteil, wenn der Schlepper kopfschwer gebaut wird; der Vorderachsdruck im Stillstand und Leerlauf muß höher als der Hinterachsdruck sein, und zwar entsprechend der Gewichtsverlagerung durch das ganze Antriebsmoment des Schleppers, weil sowohl das Antriebsmoment der Hinterräder als auch dasjenige der Vorderräder die Vorderachse entlastet.

Ein schwerer Radschlepper (Rogers) mit Vierradantrieb und 8800 kg Gewicht, welcher zu Abb. 1 gehört, aber dort über die rechte Bildseite hinausfällt, hat im Ackergang eine Zugleistung von 51,5 % seines Gewichtes erreicht. Seine Gewichtsausnutzung ist nicht höher als bei Radschleppern mit nur Hinterradantrieb.

Raupen.

Der Grundgedanke bei Raupenlaufwerken ist, die Auflagefläche auf dem Boden über das bei Rädern erreichbare Maß hinaus zu verlängern. Die Radfelge wird dabei durch eine Art Gliederkette, die Raupe, ersetzt, welche wegen der notwendigen Umführung um das hintere Raupentriebrad und das vordere Raupenführungsrad in den einzelnen Gliedverbindungen gleich einer gewöhnlichen Kette gelenkig sein muß. Die beim Rade von den Speichen auf die starre Felge übertragenen Schleppergewichte müssen bei der Raupe durch einen besonderen Raupenstützrahmen auf das untere Raupentrum übertragen werden. Abgesehen von der Einzeldurchbildung der Raupenelemente und der Greifer kommt es bei den Raupenlaufwerken entscheidend darauf an, die einzelnen Glieder im unteren Raupentrum möglichst vollzählig und auch gleichmäßig zu belasten. Diejenigen Glieder, welche nicht belastet werden und sich beim arbeitenden Schlepper sogar ganz vom Boden abheben, zählen als Tragfläche nicht mit.

Beispielweise hat der Holt-Schlepper (Abb. 137) einen Raupenstützrahmen (Abb. 138) mit nur drei starr gelagerten Bundrollen, welche nur $4\frac{1}{2}$ Glieder belasten, während die ganze untere Trumlänge zwischen den Mitten der beiden Raupenräder aus $8\frac{1}{2}$ Gliedern besteht.

Bei anderen Raupenschleppern, z. B. beim Bear (Abb. 155) tragen 4 Glieder von 10, bei Renault (Abb. 166) tragen 7 Glieder von 12, beim Cletrac-Schlepper (Abb. 120) tragen 5 Glieder von 7 Gliedern. Beim Cletrac-Schlepper ist der Abstand zwischen den Raupenrädern zur Belastung möglichst vieler Glieder des unteren Trums gut ausgenutzt. Der Raupenstützrahmen (Abb. 123) des Cletrac hat sieben Druckrollen für die Gewichtsübertragung des Schleppers auf die Raupe.

Wie beim Radschlepper tritt auch bei der arbeitenden Raupe eine dynamische Gewichtsverlagerung nach hinten auf. Während diese bei den Radschleppern mit Hinterradantrieb günstig ist, muß ihr beim Raupenschlepper durch Kopfschwere, d. h. Schwerpunktsverlagerung des Schleppers vor die Raupenmitte entgegengewirkt werden. Anderenfalls richten sich die Raupen bei der Arbeit so stark auf, daß die Bodenberührung nur im hinteren Teil der Raupe erhalten bleibt. Dadurch schrumpft die tragende Länge der Raupen auf ein den Radschleppern annähernd gleiches Maß zusammen.

Von den untersuchten Raupenschleppern ist der Cletrac-Schlepper vorne statisch am stärksten belastet. Auf die Mitten seiner Raupenräder bezogen sind die Gewichtskomponenten 1025 kg vorne und 875 kg hinten. Erst bei einem Antriebsmoment von 228 mkg an den Raupentriebrädern, welches im Ackergang bei 36 % Motorbelastung erreicht wird, verlagert sich die vordere Mehrbelastung von 150 kg auf die hinteren Raupentriebräder.

Diese günstigen Eigenschaften der Cletrac-Raupe, nämlich die Gewichtsbelastung von 5/7 der ganzen Länge des unteren Raupentrums und die durch die Kopfschwere des Schleppers gesicherte volle Bodenauflage der arbeitenden Raupe wirken sich in der in Abb. 1 gekennzeichneten hohen Gewichtsausnutzung von 95 % für Zugkraft aus, während Holt 81 % erreicht. Wie später nachgewiesen ist, hat die Cletrac-Raupe auch geringere Leistungsverluste.

Beim Bear-Schlepper (Abb. 152) sind die das untere Raupentrum belastenden Druckrollen des Raupenstützrahmens gefedert und auf Ausgleichlenkern angeordnet (Abb. 153). Dadurch gleicht sich die Belastung der einzelnen Raupenglieder auch auf unebenem Boden aus. Die Druckrollen stellen sich derart ein, daß das am hinteren Ende des Raupenlaufwerkes sitzende Raupentriebrad zusammen mit dem Raupenstützrahmen das Bodentrum belastet. Der Bear-Raupenschlepper erreicht dadurch, wie in Abb. 1 gezeigt, 97 % Gewichtsausnutzung. Diese Bauart der Raupenlaufwerke ist aber sehr kompliziert und teuer.

Im Renault-Schlepper (Abb. 166) ist die Anlenkung der Raupenlaufwerke an einem festen Zapfen des Schlepperrumpfes vermieden und der Stützrahmen vorne und hinten zum Schlepperrumpf gefedert. Der vordere Teil der Raupen wird aber auch bei dieser Bauart dynamisch entlastet. Außerdem müssen besondere Schubbalken und gelenkige Seitenstützen zwischen dem Schlepperrumpf und den Raupenlaufwerken vorgesehen werden.

Arbeitsgeschwindigkeiten der Schlepper.

Geschwindigkeiten auf dem Acker.

Der neben der Nutzzugkraft am Zughaken maßgebende zweite Faktor für die Nutzzugleistung der Schlepper ist die Arbeits-

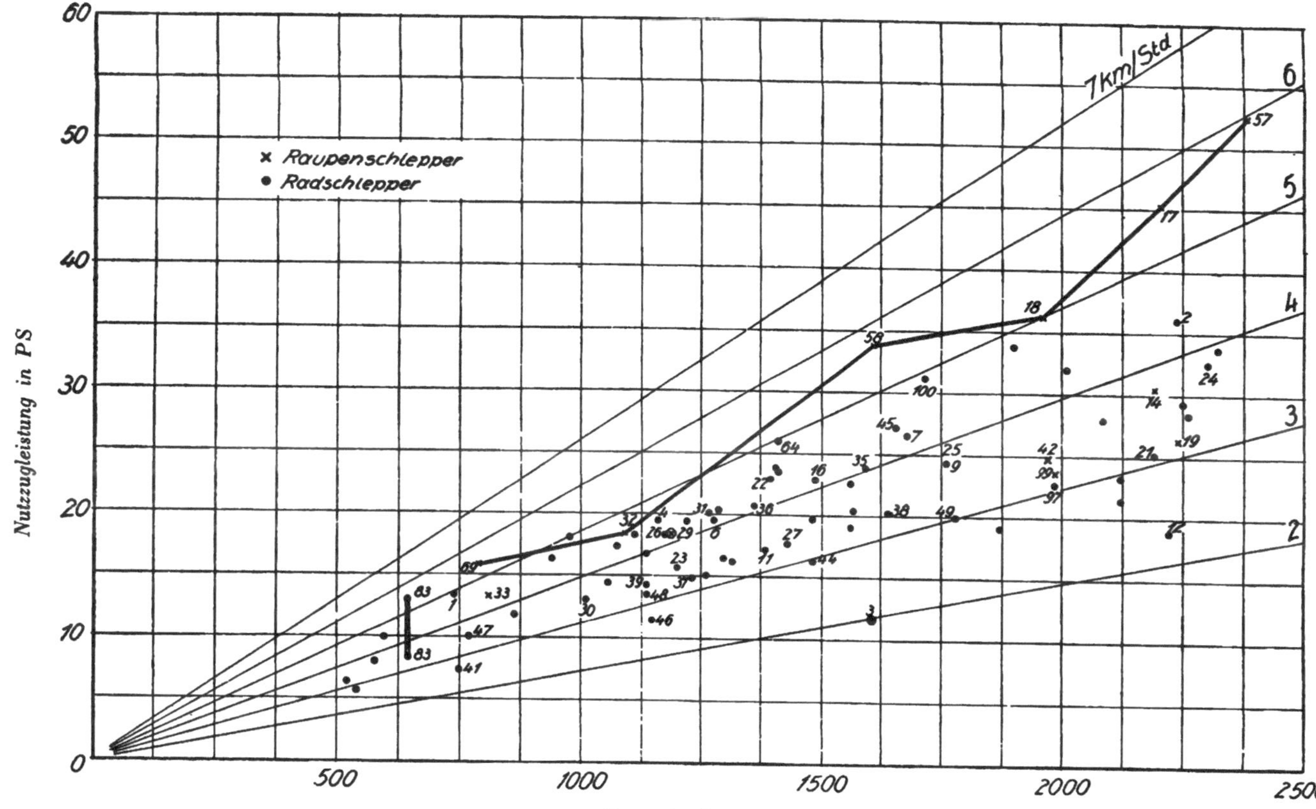

Abb. 3. Fahrgeschwindigkeiten, Nutzzugleistungen und Nutzzugkräfte auf dem Acker.

geschwindigkeit. Über die Arbeitsgeschwindigkeiten auf dem Acker gibt Abb. 3 Aufschluß, in welcher über den gemessenen Nutzzugkräften die Nutzzugleistungen eingetragen sind.

Die durch den Nullpunkt gezogenen Polstrahlen kennzeichnen die Werte gleicher Arbeitsgeschwindigkeiten.

Wir ersehen aus diesem Bild, daß die Fahrgeschwindigkeiten aller Schlepper im Ackergang zwischen 3 und 6 km/Std. liegen. Unverkennbar ist das Bestreben durch Steigerung der Fahrgeschwindigkeit höhere Ackerzugleistungen zu erreichen. So ist Fordson, Punkt 83, auf 5,5 km/Std. von früher 3,5 km/Std. Fahrgeschwindigkeit hinaufgegangen. Hierzu läßt er über seine nominelle minutliche Motordrehzahl von 1000 hinaus eine Drehzahlsteigerung bis 1300 zu und verzichtet auf eine feste Drehzahlgrenze durch Regulator (vgl. II. Teil).

Auch die Raupenschlepper weisen hohe Fahrgeschwindigkeiten auf dem Acker auf. Ihre Höchstwerte sind durch eine Linie verbunden und liegen zwischen 5 und 6 km/Std., also auf der Höhe der schnellsten Radschlepper.

Geschwindigkeiten auf der Straße.

Die untersuchten Schlepper laufen auf der Straße mit ihren höchsten Schaltgängen mit folgenden Fahrgeschwindigkeiten (ohne Schlupf):

Radschlepper	Fordson	13,9 km/Std.
	WD	8,7 „
	(WD geht neuerdings auf 15 km/Std.)	
	Pöhl	10 km/Std.
	Lanz-Felddank	6 km/Std.
Raupenschlepper	MTW	6,5 km/Std.
	Cletrac	7,8 „
	Holt	8,7 „
	Bear	8,1 „
	Renault	5,3 „

Der Fordson- und neuerdings auch der WD-Schlepper heben sich mit einer hohen Fahrgeschwindigkeit aus den übrigen heraus und steigern dadurch die Verkehrsleistung im Verhältnis ihrer erhöhten Geschwindigkeiten. Hier sind die Radschlepper den Raupenschleppern weit überlegen.

Die Geschwindigkeitssteigerung hat für die Motorisierung von Industrie und Landwirtschaft eine sehr große Bedeutung.

Bereifung und Straßenbeanspruchung.

Die Grenzen für die Fahrgeschwindigkeiten der Schlepper sind außer von den Arbeitsbedingungen der zu schleppenden Arbeitsmaschinen von der Art der Abfederung der Schleppergewichte auf der Fahrbahn abhängig.

Da viele Schlepperbauarten keine Federung zwischen dem Schlepperrumpf und den Hinterrädern haben, und das ganze auf der Hinterachse ruhende Gewicht des Schleppers nur durch die Radbereifung abfedern, ist die Frage der Bereifungsart und der zulässigen Geschwindigkeit am Fordson-Schlepper studiert worden (vgl. II. Teil).

Bei den gewöhnlichen Amobo-Vollgummireifen ist der Bahndruck des aufschlagenden Rades bei Fahrt über ein 15 mm hohes Hindernis bei 5 km/Std. das $4\frac{3}{4}$ fache, bei 10 km/Std. das fünffache und bei 15 km/Std. sogar das $7\frac{1}{2}$ fache des statischen Raddruckes, dagegen bei Fulda-Parabel-Reifen nur das annähernd dreifache des statischen Raddruckes bei allen Fahrgeschwindigkeiten. Die bessere Federungswirkung der Fulda-Parabel-Reifen hebt den Einfluß der Fahrgeschwindigkeit auf, während sich bei der harten Vollgummibereifung die höhere Fahrgeschwindigkeit in schädlichster Weise geltend macht.

Die normalen Vollgummireifen haben nicht die Fähigkeit, die ungefederten Schleppergewichte bei Fahrgeschwindigkeiten über 10 km/Std. ausreichend abzufedern. Die Verwendung elastischer Kissenreifen oder sogar der Riesenluftreifen, welche beim Fordson-Schlepper für ausschließlich industrielle Zwecke in Amerika zum Teil schon benutzt werden, muß im Interesse der Schonung der Fahrbahn und des Fahrzeuges bei Geschwindigkeiten über 10 km/Std. gefordert werden.

Energieverluste im Getriebe und Schlepperlaufwerk.

Im Zusammenhang mit der Gewichtsausnutzung steht die Frage der Energieverluste, welche bei der Energieübertragung an den Boden im Schlepperlaufwerk auftreten.

Die Verluste der Radschlepper bei Straßenfahrt stimmen mit den Werten der gleichartig bereiften Kraftwagen überein und sind im Bereich mäßigen Schlupfes bei kleinen und großen Rädern gleich. Zum Beispiel wurden die Rollverluste der gummibereiften

Triebräder bei 16 PS Radnabenleistung und 8,5 km/Std. gemessen zu:

0,9 PS beim Fordson-Schlepper,
1,0 PS beim Pöhl-Schlepper,
0,9 PS beim Lanz-Felddankschlepper.

Für die Straßenfahrt ist deshalb das kleinere Triebrad wegen seiner günstigeren baulichen und billigeren Ausführung und der besseren Beherrschung der Getriebeübersetzungen im Vorteil.

Für die Arbeit der Schlepper auf dem Acker sind die Unterschiede der Wirkungsgrade der Räder verschiedenen Durchmessers und der Raupen näher zu kennzeichnen.

In Abb. 4 sind die an 81 Schleppern gemessenen Wirkungsgrade zwischen Motor und Fahrbahn bei Volleistungen auf dem Acker und mit den verschiedenen Schaltgängen zusammengestellt. Die Wirkungsgrade im Ackergang sind als dicke Horizontallinien, diejenigen der übrigen Gänge als dünne Horizontallinien eingezeichnet.

Die linke Gruppe enthält die Werte für Radschlepper, die rechte Gruppe diejenigen für Raupenschlepper. Die Radschlepper erreichen Wirkungsgrade von 34 bis 80 %, d. h. 20 bis 66 % der Motorleistung gehen nutzlos verloren und nur der Rest steht für Nutzzugleistung des Schleppers zur Verfügung.

Der Mittelwert des Wirkungsgrades der in Abb. 4 enthaltenen 81 Radschlepper beträgt 64 %. Die starken Unterschiede im Wirkungsgrad sind durch die beiden Faktoren G e w i c h t s a u s n u t z u n g und R a d d u r c h m e s s e r entscheidend beeinflußt. Der kleine Beemannschlepper (Wert 78) mit sehr kleinen Rädern hat den schlechtesten Wirkungsgrad von 34 % und auch nur 34 % Gewichtsausnutzung (Abb. 1).

Der zweitniedrigste Wert von 44 % gehört zum Fordson-Schlepper mit 1063 mm Triebraddurchmesser aber 53 % Gewichtsausnutzung für Zugkraft (Abb. 1).

Bei großen Rädern mit etwa 1600 mm Durchmesser sind die Wirkungsgrade der Leistungsübertragung wesentlich besser. Zum Beispiel hat der Minneapolis-Schlepper (Punkt 97) 65 % Wirkungsgrad und 58 % Gewichtsausnutzung, der Cormick Deering (Punkt 1) 66 % Wirkungsgrad und 40 % Gewichtsausnutzung.

In welchem Maße der Wirkungsgrad durch die Gewichtsausnutzung beeinflußt wird, möge an dem Schlepper 12 (Hart Parr) gezeigt werden. Der Wirkungsgrad dieses Schleppers (Abb. 4) beträgt 67 % im zweiten Gang aber nur 50 % im ersten Gang. Die Gewichtsausnutzung für Zugkraft ist dabei 55 % im zweiten Gang

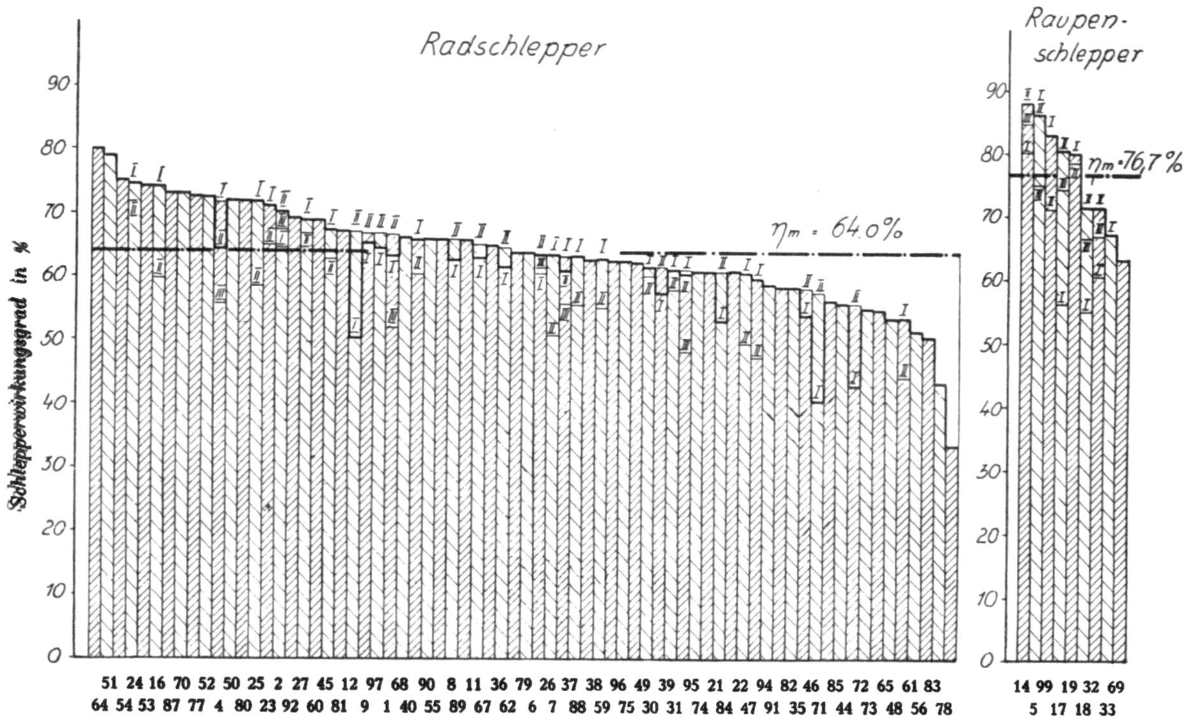

Abb. 4. Wirkungsgrade zwischen Motor und Fahrbahn amerikanischer Schlepper.

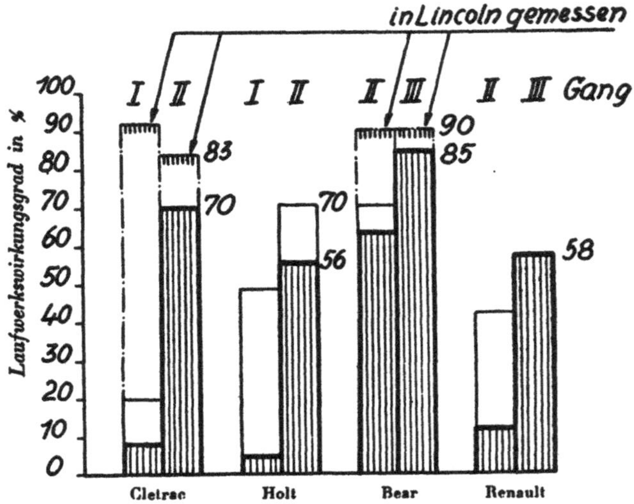

Abb. 5. Wirkungsgrade der Raupenlaufwerke auf lockerem sandigen Boden; Tiergartenreitweg, Berlin.

Die stark ausgezogenen Werte sind bei Vollleistung uud Regulatorgrenzdrehzahl gemessen. Die dünn ausgezogenen Werte sind die Bestwerte in den einzelnen Gängen.

und 81 % im ersten Gang. Die starke Steigerung der Gewichtsausnutzung ist also von einer starken Zunahme der Rollverluste begleitet.

Die Wirkungsgrade der **Raupenschlepper**, welche auf der gleichen Versuchsbahn wie die der Radschlepper gemessen worden sind, betragen 63 bis 88 %.

Der Mittelwert für die in Abb. 4 enthaltenen neun Raupenschlepper beträgt 76,7 % gegenüber 64 % bei den Radschleppern. An den Durchschnittswerten gemessen, sind die Raupenlaufwerke den Radlaufwerken auf dem Acker um 20 % in der Wirtschaftlichkeit überlegen.

Auch bei den Raupenschleppern tritt die starke Abhängigkeit zwischen Gewichtsausnutzung und Wirkungsgrad hervor. Zum Beispiel sinkt der Wirkungsgrad des Bear-Raupenschleppers (Punkt 17) von 80 % im Ackergang auf 57 % im ersten Gang, während die Zugkraft von 70 % auf 97 % des Schleppergewichts wächst.

Der Cletrac-Raupenschlepper (Punkt 99), dessen günstige Bauart im II. Teil gekennzeichnet ist, erreicht bei 95 % Gewichtsausnutzung den hohen Wirkungsgrad von 84 %. Beim höheren zweiten Gang beträgt sein Wirkungsgrad 74 %, weil die Raupen wegen fehlender Abstützung des oberen Trums bei höheren Fahrgeschwindigkeiten peitschen und sehr unruhig laufen.

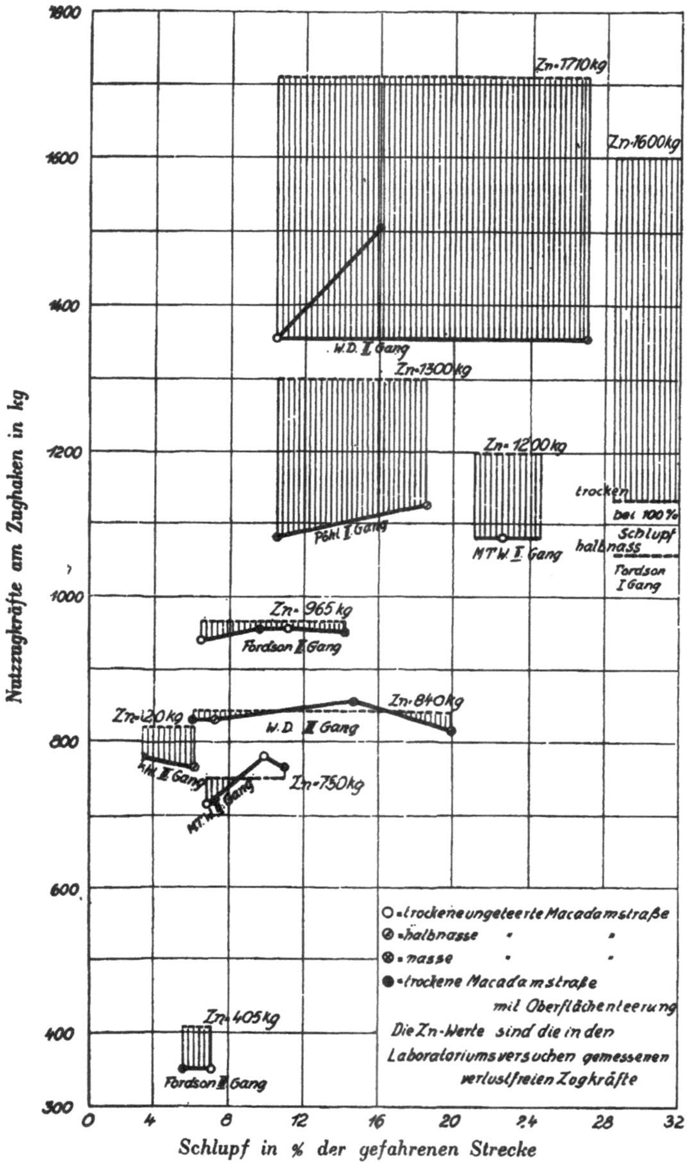

Abb. 6. Nutzzugkräfte auf der Straße bei Gummibereifung.

In Abb. 5 snd die Wirkungsgrade nur der Raupenlaufwerke eingetragen. Diee Werte sind auf dem lockeren sandigen Boden der Tiergartenreiwege Berlin gemessen worden. Zum Vergleich sind die an den gleichen Schleppertypen auf der Versuchsbahn in Lincoln gemessenen Werte hinzugetragen. Die Schlepper Cletrac, Holt und Bear haben in diesen Messungen 70 bis 85 % und Renault bis 58 % Laufwerkswirkungsgrade ergeben. Bei den niedrigsten Gängen sind alle Wirkungsgrade zum Teil sehr erheblich schlechter und sinken sogar bis auf 8 %, weil die Adhäsion der Raupen auf dem sandigen Versuchsboden sehr gering ist. Die in Lincoln gemessenen Werte liegen wegen des günstigeren Versuchsbodens allgemein höher.

Für die Gewichtsausnutzung gibt es eine obere Grenze, welche durch die Größe des Schlupfes gegeben ist. Sowohl bei Radschleppern als auch bei Raupenschleppern wurde mit wenigen Ausnahmen die erreichbare höchste Zugkraft auf dem Acker bei 15 bis 20 % Schlupf gemessen (Abb. 135 und 150). Bei höherem Schlupf sinkt die Zugkraft, also die Gewichtsausnutzung, aber auch der Wirkungsgrad der Energieübertragung infolge der hohen Schlupfverluste. Abb. 6 zeigt die bei den Nutzzugkräften gemessenen Schlupfwerte auf der Straße. Zu den einzelnen Werten sind die in der Laboratoriumsuntersuchung gemessenen verlustfreien Zugkräfte *Zn* eingetragen.

Diese würden erreicht, wenn keine Rollverluste an den Triebrädern bzw. Raupen einträten. Auch hier weisen weder die Raupen noch die großen Triebräder gegenüber den kleinen Triebrädern Vorteile auf. Bei den höchsten Zugkräften tritt ein Schlupf von 16 bis 24 % auf. Darüber hinaus verlieren die Räder ihren Halt und fangen an zu mahlen. Bei hohem Schlupf liegen die Nutzzugkräfte beträchtlich unter den verlustfreien Zugkräften (schraffierte Flächen), während der Unterschied bei kleinem Schlupf unbedeutend ist.

Bauart der Getriebe und Getriebeverluste.

Im Triebwerk der Schlepper müssen die hohen Drehzahlen des Motors auf die sehr niedrigen Drehzahlen der Triebräder bzw. Raupenantriebsräder heruntergesetzt werden. Entsprechend der Drehzahlabnahme in den einzelnen Getriebeteilen wächst aber das Drehmoment, d. h. die Belastung der Zähne und Lager und erfordert größere Abmessungen. Im Kraftwagenbau ist die Erhaltung möglichst hoher Drehzahlen bis nahe an die Wagentriebräder als das wirksamste Mittel erkannt, die Beanspruchungen und Abmessungen bei großen übertragenen Leistungen klein zu halten. Unzweifelhaft geht auch die Entwicklung der Schleppergetriebe denselben Weg. Bei vielen modernen Bauarten ist eine große Endübersetzung unmit-

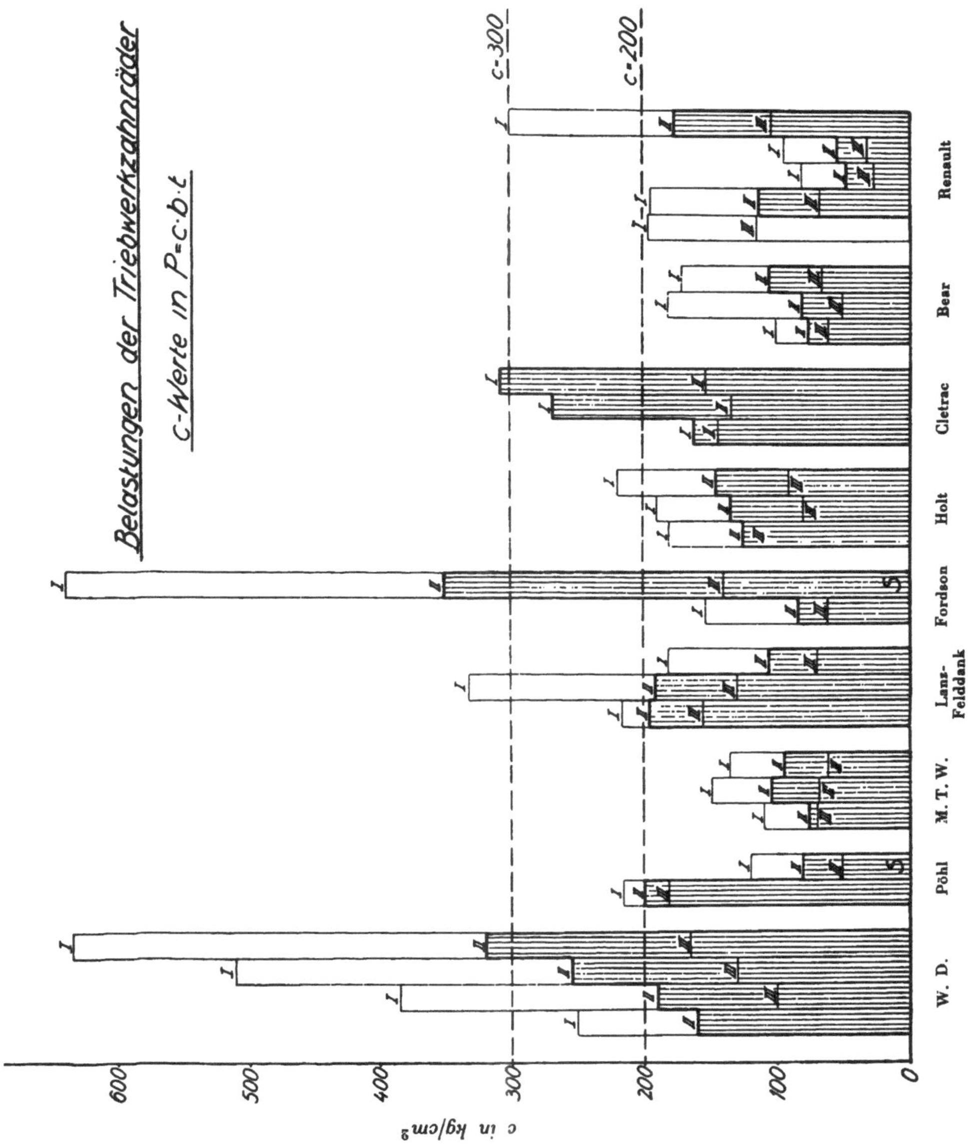
Belastungen der Triebwerkzahnräder
c-Werte in P=c·b·t
c=300
c=200
c in kg/cm²
0
100
200
300
400
500
600
W. D.
Pöhl
M. T. W.
Lanz-Felddank
Fordson
Holt
Cletrac
Bear
Renault

Abb. 7.

telbar in oder vor dem Triebrad vorgesehen und zwar in Form einer Innenverzahnung im Rad mit Ritzeleingriff oder eines vorgelagerten Stirnradvorgeleges.

Außer dieser Maßnahme zur Erhaltung hoher Drehzahlen und kleiner Drehmomente sucht man die Motorleistung über möglichst wenige Zahnräderpaare insbesondere im Ackergang zu übertragen.

Als Beispiele für die gekennzeichneten Richtlinien in der Durchbildung der Schleppergetriebe seien folgende genannt:

Das Triebwerk des Lanz-Felddank (Abb. 60) übersetzt im Ritzelantrieb der Hinterräder 1:7, so daß die Kegelräderübersetzung zu den Ritzelwellen nur 1/7 des Drehmomentes der Triebräder zu übertragen hat. In ähnlicher Weise legen Cletrac, Holt u. a. ein Stirnradvorgelege mit Übersetzung von 1:3,8 bzw. 1:3,7 an die Raupentriebräder und entlasten dadurch die Kegelräderübersetzung in diesen Verhältnissen.

Als Beispiel für die Verminderung der Zahnräderpaare im Ackergang sei auf das Fordsongetriebe hingewiesen (Abb. 101). Bei diesem wird im Schaltgetriebe die Motorleistung nur über ein Zahnräderpaar in dem meist benutzten dritten und zweiten (Acker-) gang übertragen, während in dem seltener verwendeten ersten Gang drei Zahnräderpaare im Schaltgetriebe hintereinander liegen.

Bei allen Getriebebauarten, bei welchen das Vorgelege unmittelbar an den Triebrädern fehlt, ist die im Antrieb erforderliche Kegelräder- oder Schneckenradübersetzung hoch belastet.

Belastungen der Triebwerkzahnräder.

Abb. 7 zeigt die Zahnbeanspruchungen für alle Triebwerkzahnräder von neun Rad- und Raupenschleppern. Die Beanspruchungen der einzelnen Zahnräder sind im Sinne des Energieflusses von links nach rechts für jeden Schlepper nebeneinander gestellt. Die Beanspruchungen im Ackergang sind durch Schraffur hervorgehoben. Von den in Abb. 7 aufgeführten Schleppern weisen Pöhl, MTW, Lanz, Holt, Bear und Renault, welche sämtlich Vorgelege in bzw. nahe vor den Triebrädern haben, geringe Beanspruchungen aller Zahnräder von unter 200 kg/cm² auf. Im Kraftwagenbau vermeidet man für Zahnräder mit langer Vollastbeanspruchung die Überschreitung dieser Grenze und läßt nur für Zahnräder mit kurzer Vollastbeanspruchung höhere Belastungen zu. Einige Schlepper der Abb. 7 weisen aber im Ackergang Zahnräderbeanspruchungen von 300 kg/cm² und mehr auf, so daß bei schwerer Arbeit der Schlepper diese Getriebeteile gefährdet und starker Abnutzung unterworfen sind.

Abb. 8.

Abb. 9.

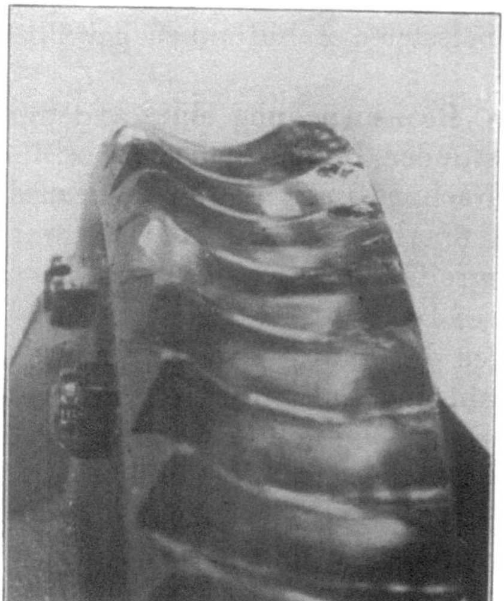

Abb. 10.

Abb. 11.

Dic nach Abb. 7 überbeanspruchten Teile haben sich wie folgt verhalten:

Die Zahnflanken des Kegelräderpaares eines Radschleppers, welche im Ackergang mit $c = 320$ kg/cm² belastet waren, sind nach etwa 150 Betriebsstunden stark angefressen (Abb. 8 und 9).

Die Zahnflanken eines Schneckenrades, welche im Ackergang mit $c = 350$ kg/cm² belastet waren, sind insbesondere auf der Einlaufseite angefressen (Abb. 10). Überbeanspruchungen in Maschinenelementen sind Geburtsfehler, welche sich später mit besten Baustoffen zwar mildern, aber nicht beseitigen lassen.

Andererseits zeigten sich auch an einigen Getriebeteilen mit normalen Belastungen starke Abnutzungen, welche aber andere Ursachen haben. So war das Schneckenrad eines Schleppers bei nur 80 kg/cm² Beanspruchung angefressen. Die Ursache ist die Lage der Schnecke über dem Schneckenrad.

Bei obenliegender Schnecke streicht das Schneckenrad mit der unbelasteten Zahnflanke vorwärts durch das Ölbad, die belasteten Zahnflanken erhalten daher wenig Öl und die Betriebstemperatur der Schnecke bei längerer Volleistung erreicht sehr hohe Werte (vgl. Abb. 57). Für den Schneckenantrieb ist die Anordnung der Schnecke u n t e r dem Schneckenrad die günstigere, weil die im Ölbad liegende Schnecke reichliche Schmierung der belasteten Zahnflanken gewährleistet.

Das Kegelrad mit nur 100 kg/cm² Beanspruchung eines anderen Schleppers war in etwa 150 Betriebsstunden bis zu mehreren Millimetern abgenutzt (Abb. 11). Die Nachprüfung dieses Zahnrades ergab aber als Grund, daß das Rad überhaupt nicht gehärtet war und sich mit der Feile sehr leicht angreifen ließ.

Triebwerksverluste.

Die zwischen Motor und den Naben der Laufräder bzw. Raupentriebräder bei der oberen Motordrehzahl und Volleistung gemessenen Triebwerksverluste sind in Abb. 12 zusammengestellt. Die stark ausgezogenen Werte sind diejenigen im Ackergang, die dünn ausgezogenen die im oberen Schaltgang. Die Wirkungsgrade der störungsfrei gelaufenen Getriebe liegen zwischen 88 und 94,5 %. Der in der Abbildung eingetragene niedrigste Wirkungsgrad von 72 % ist infolge der starken Abnutzung der ungehärteten Zahnräder stark gesenkt. Der niedrige Wirkungsgrad des Fordson von 74,2 % bzw. 74,8 % ist auf die hohe Belastung der Schneckenübersetzung zurückzuführen. Das Pöhlgetriebe mit Schnecke erreicht einen Wirkungs-

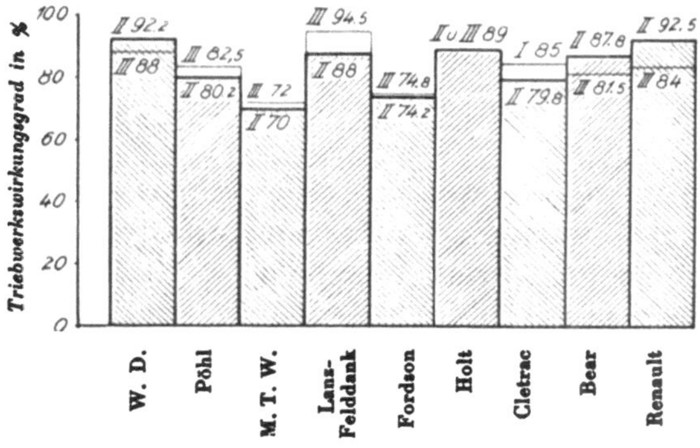

Abb. 12. Triebwerksverluste zwischen Motor und den Naben der Laufräder bzw. Raupentriebräder beim Ackergang und höchsten Gang.

grad von 80,2 bis 82,5 %. Die Schnecke des Pöhl ist bedeutend weniger belastet als die Fordson-Schnecke.

Motoren.

Die zurzeit bei Schleppern verwendeten Motorbauarten sind Vergaser-, Glühkopf- und Dieselmotor.

Die Bedingungen, welche von den Motoren erfüllt werden sollen, sind einfachste und unempfindlichste Bauart, lange Lebensdauer, hohe Betriebswirtschaftlichkeit, geringe Wartung, gute Regulierfähigkeit und ein mit einfacheren Getriebebauarten beherrschbarer weiter Drehzahlbereich. Die gleichzeitige Erfüllung dieser Bedingungen ist bisher noch nicht gelungen. Jede der in Frage kommenden Motorbauarten hat bestimmte ausgeprägte Einzelvorteile, erfüllt aber die anderen Bedingungen nur in unvollkommener Weise.

Ich will dieses für die drei in Anwendung kommenden Motorbauarten kennzeichnen.

Der Vergasermotor hat den Vorteil bester Regulierfähigkeit und weitestgehender Drehzahlanpassung. Motor und Getriebe erhalten infolge der hohen Umlaufzahlen und kleinen Drehmomente kleine Abmessungen. Die Herstellungskosten bleiben entsprechend niedrig. Dieser Vorteil wirkt sich insbesondere in allen Triebwerksorganen, in der Kupplung, in den Zahnrädern, den Wellen und Lagern aus. Auch bei höheren Drehzahlen bleibt die Abnutzung gering, wenn die Triebwerkselemente nach den Erfahrungen im Kraftwagenbau für den Raschlauf richtig ausgebildet werden.

Gerade die durch den Raschlauf erreichbare Umgehung der hohen Beanspruchungen der Zahnräder und Lager ist ein Vorteil, welcher in weitestgehendem Maße auch im Schlepperbau ausgenutzt werden muß.

Ein Nachteil des Vergasermotors ist die Vielheit seiner Teile und die Unwirtschaftlichkeit. Man versucht, die Betriebskosten durch Verwendung billiger Brennstoffe, insbesondere von Petroleum, zu senken.

Der Glühkopfmotor hat gegenüber dem Vergasermotor und Dieselmotor den Vorteil einfachster Bauart und arbeitet wirtschaftlicher als der Vergasermotor. Seine Nachteile sind schlechte Regulierfähigkeit und ein sehr enger Drehzahlbereich, durch welchen alle Teile des Getriebes große Drehmomente bei kleinen übertragenen Leistungen, also hohe Zahndrücke und Lagerdrücke aufnehmen müssen, daher in den Abmessungen groß und in der Herstellung teuer werden. Die billige Bauart des Motors verteuert das Triebwerk.

Bei Schleppern mit nur mäßigen Fahrgeschwindigkeiten kommt der Nachteil des engen Drehzahlbereiches weniger zur Geltung, weil die Änderung der Fahrgeschwindigkeit gering ist. Rasch fahrende Schlepper stellen dagegen hohe Anforderungen hinsichtlich Regulierfähigkeit und Wirtschaftlichkeit, welche der Glühkopfmotor noch nicht erfüllen kann.

Der Dieselmotor gibt die weitaus beste Betriebswirtschaftlichkeit gegenüber den beiden anderen Bauarten. Er leidet aber, wenn auch weniger als der Glühkopfmotor, an dem Nachteil niedriger Drehzahlen mit den beim Glühkopfmotor für das Triebwerk gekennzeichneten ungünstigen Folgen. Auch die Regulierfähigkeit und Unempfindlichkeit, welche besser als beim Glühkopfmotor sind, reichen noch nicht an die des Vergasermotors heran.

In der Bauart sind Dieselmotor und Vergasermotor gleich weitläufig. Der Dieselmotor und Vergasermotor erfordern Einlaß- und Auslaßventile, der erstere benötigt eine besondere Brennstoffpumpe und ein Zerstäuberorgan für jeden Zylinder, der Vergasermotor eine Zündvorrichtung und einen Vergaser.

Die infolge der niedrigen Drehzahlen des Glühkopfmotors und Dieselmotors notwendigen größeren Motorabmessungen kommen in den Gewichtsunterschieden sinnfällig zum Ausdruck. So wiegen die Vergasermotoren Renault 9,3, Cletrac 10, Pöhl 12, MTW 13, WD 14 und Fordson 14,8 kg/PS, der Lanz-Glühkopfmotor 16,5 und der Benz-Dieselmotor 19 kg/PS (vgl. II. Teil). Der letztere ist bereits mit Aluminiumgehäuse und auch mit Aluminiumzylindern mit eingesetzten Laufbüchsen leicht gebaut. Die höheren Gewichte der Vergasermaschinen gehören zu denjenigen Bauarten, welche zugleich den Schlepperrahmen bilden, daher in ihrem aus Gußeisen herge-

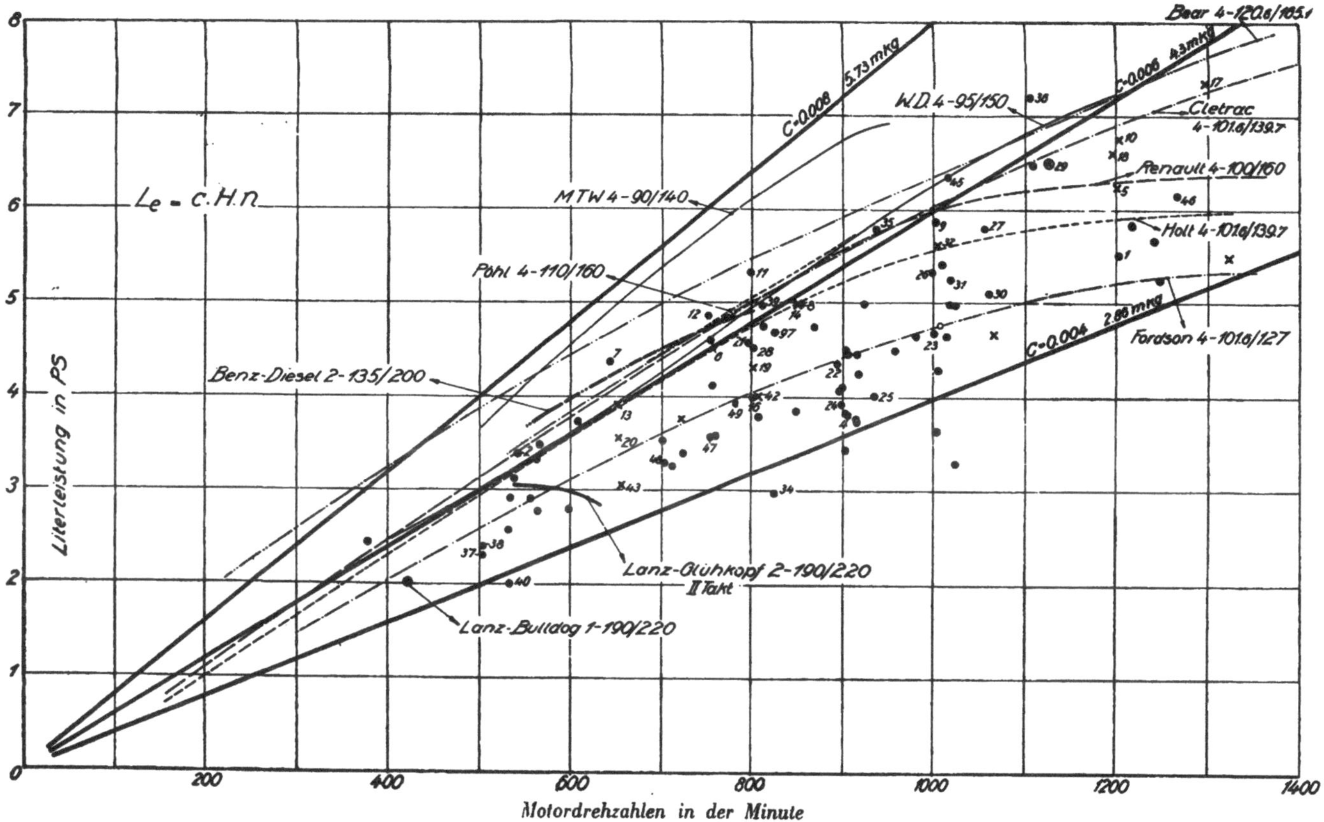

Abb. 13. Literleistung von Schleppermotoren.

stellten Kurbelgehäuse kräftig gehalten und schwer sind. Der Mehraufwand an Baustoffgewicht in den Schwerölmotoren beträgt 50 bis 100 % gegenüber den Vergasermotoren.

Beim gegenwärtigen Entwicklungsstande der drei verglichenen Motorbauarten hängt die Auswahl der Motorbauart von der Höhe der Fahrgeschwindigkeit entscheidend ab, während die Wirtschaftlichkeit erst in zweiter Linie mitentscheidet.

Leistungsfähigkeit der Motoren.

In Abb. 13 sind über der Motordrehzahl als Abszisse die Literleistungen von 101 Schleppermotoren eingetragen. Die Punktwerte sind die Literleistungen bei der Nenndrehzahl der Motoren, die Kurven die Literleistungen im ganzen Drehzahlbereich einiger Motoren. Die drei stark ausgezogenen Polstrahlen, welche mit $c = 0{,}004$, 0,006 und 0,008 bezeichnet sind, kennzeichnen die Ladungsausnutzung des Hubvolumens der Motoren (vgl. Becker, Lehren des amerikanischen und europäischen Automobilbaues, Zeitschrift VDI, Heft 8 und 10, 1926, Der Motorwagen, Heft VII, 1926).

Diese stark ausgezogenen durch den Nullpunkt gehenden Strahlen geben nicht allein die Ladungsausnutzung des Hubvolumens nach PS, sondern auch das mit jedem Liter Hubvolumen erzielte Drehmoment des Motors an, und zwar entsprechen:

$$c = 0{,}004 = 2{,}8 \text{ mkg},$$
$$c = 0{,}006 = 4{,}3 \text{ mkg},$$
$$c = 0{,}008 = 5{,}7 \text{ mkg}.$$

Diejenigen Motoren, deren Werte sich beispielsweise mit dem Polstrahl $c = 0{,}006$ decken, erzielen je Liter Hubvolumen 4,3 mkg Drehmoment.

Wie die Abbildung zeigt, liegt die Ladungsausnutzung der meisten Motoren zwischen 2,8 mkg ($c = 0{,}004$) und 4,3 mkg ($c = 0{,}006$) Drehmoment.

Der Zweitakt-Glühkopfmotor und auch der Viertakt-Dieselmotor haben annähernd die gleiche Ladungsausnutzung wie die Vergasermotoren. Sie benötigen daher zur Erzeugung des gleichen Drehmomentes gleichen Literinhalt. Da aber, wie die Abbildung zeigt, ihre Drehzahlen nur bis 650 bzw. 800 Umdrehungen minutlich reichen, während die für Schlepper verwendeten Vergasermotoren bis 1300 Umdrehungen aufweisen, muß der Literinhalt der Glühkopf- und Dieselmaschinen für gleiche Leistungen doppelt bzw. 1,6 mal so groß wie derjenige der Vergasermotoren werden.

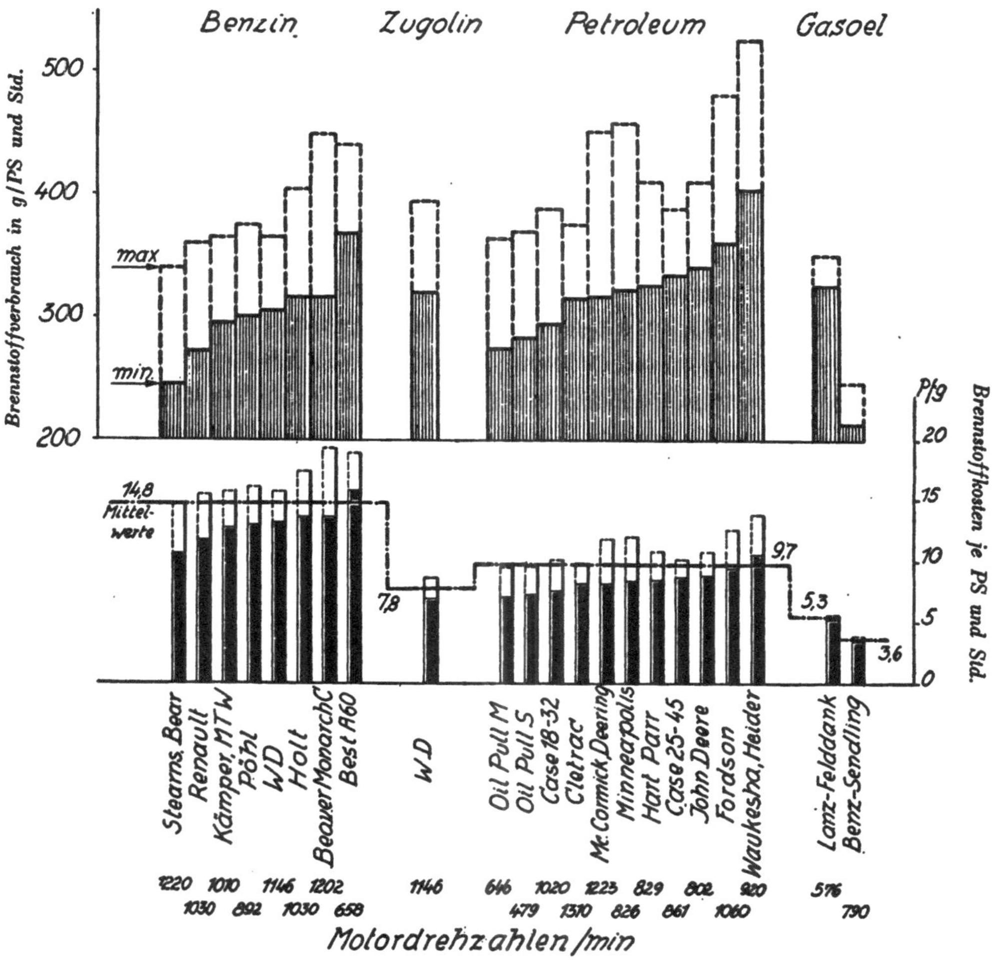

Abb. 14. Brennstoffverbrauch und Brennstoffkosten einer Nutz-PS Std.
Obere und untere Verbrauchswerte bei einer Motorbelastung von 50 bis 100 %.

Brennstoffverbrauch.

Abb. 14 gibt einen Überblick über den Brennstoffverbrauch der drei erläuterten Motorbauarten. Die in der Abbildung dargestellten Verbrauchswerte von 22 neuzeitlichen Schleppermotoren sind Mindestverbrauch und Höchstverbrauch der Motoren zwischen voller und halber Belastung.

Die Vergasermotoren verbrauchen zwischen 245 und 440 g/PS Std. Benzin oder Benzol, 274 bis 525 g/PS Std. Petroleum, der Lanz-Zweitakt-Glühkopfmotor 325 bis 350 g/PS Std. Gasöl und der Benz-Viertakt-Dieselmotor nur 212 bis 246 g/PS Std. Gasöl. Mit den Brennstoffpreisen von 43 M./100 kg für Benzin, 26 M./100 kg für Petroleum und von 15,75 M./100 kg für Gasöl kostet eine PS Std. im Mittel:

14,8 Pfg. im Benzin-Vergasermotor,
9,7 Pfg. im Petroleum-Vergasermotor,
5,3 Pfg. im Zweitakt-Glühkopfmotor,
3,6 Pfg. im Viertakt-Dieselmotor.

Die Brennstoffkosten für gleiche Motorleistungen sind im Glühkopfmotor 1½ mal, im Petroleum-Vergasermotor 2,7 mal und im Benzin-Vergasermotor 4 mal so hoch wie in der Dieselmaschine.

In Ländern wie Deutschland, in welchen die Preisspanne zwischen Petroleum und Benzin sehr erheblich ist, bringt daher der Übergang von Benzin auf Petroleum in der Vergasermaschine erhebliche Ersparnisse, welche aber durch den Glühkopfmotor und noch weiter durch den Dieselmotor bedeutend verbessert werden.

Die Vergasermotoren erfordern für Petroleumbetrieb besondere Vergaser mit Verdampfungseinrichtung und intensive Heizung des Saugrohres.

Abnutzung der Motoren.

In Übereinstimmung mit den Erfahrungen im Kraftwagenbau tritt auch bei den Schleppermotoren die stärkste Abnutzung in den Zylindergleitflächen auf. Alle übrigen Teile, selbst die Hauptlager des Motors haben gegenüber den Zylinder- und Kolbengleitflächen eine wesentlich höhere Lebensdauer.

Der für die Lebensdauer der Automobilmotoren sehr schädliche Einfluß des in der atmosphärischen Luft enthaltenen Staubes macht sich bei den oft in einer Staubwolke arbeitenden Schleppern in erhöhtem Maße geltend. Der mit der Verbrennungsluft angesaugte Staub gelangt an der Zylindergleitbahn entlang in das Schmieröl und wird mit diesem im dauernden Umlauf in die Lager gebracht. Dadurch nutzen sich die Zylindergleitflächen und Lagerflächen ungewöhnlich rasch ab.

Der Verschleiß der Zylindergleitbahnen der am Schlepperwettbewerb 1925 beteiligt gewesenen Motoren weist die in den Abb. 15, 16, 17, 18 und 19 dargestellten Werte auf.

Die Abmessungen der Zylinder sind parallel zum Kolbenbolzen und quer dazu über die ganze Zylinderlänge gemessen worden. Die Kurven über den am Fuß der Abbildungen schematisch eingetra-

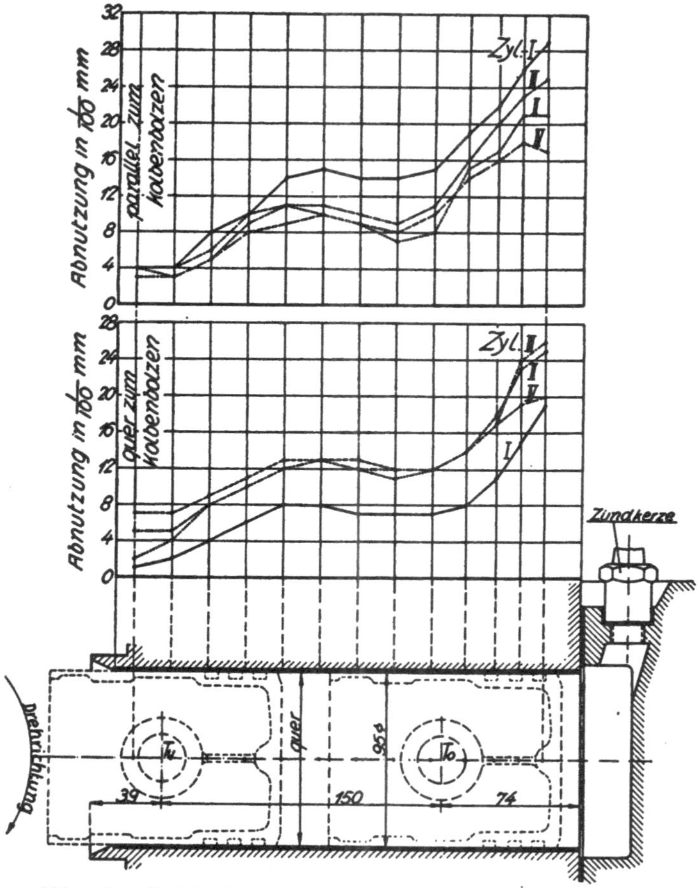

Abb. 15. Zylinderabnutzung eines Vergaser-Schleppermotors. 4—95/150 in 164 Stunden Laufzeit.
Luftreiniger: ölbenetzte Stahlringe in einer Trommel 110 mm Durchm., 500 mm lang.
Eintritt der Saugluft 0,75 m über dem Erdboden.
Brinellhärte der gußeisernen Zylinder 137 kg/mm².
Kolben: Gußeisen.

genen Zylindern zeigen die Abnutzung quer bzw. parallel zum Kolbenbolzen als Ordinate über dem als Nullwert eingetragenen Fertigungsmaß.

Bei allen Motoren liegt die größte Abnutzung im oberen Teil der Zylindergleitbahn in der Nähe des Verbrennungsraumes, dort, wo die Kolbenringe ihre innerste Stellung erreichen. Bei den drei Vergasermotoren schwanken die größten Abnutzungen zwischen 18 und 35 Hundertstel Millimeter.

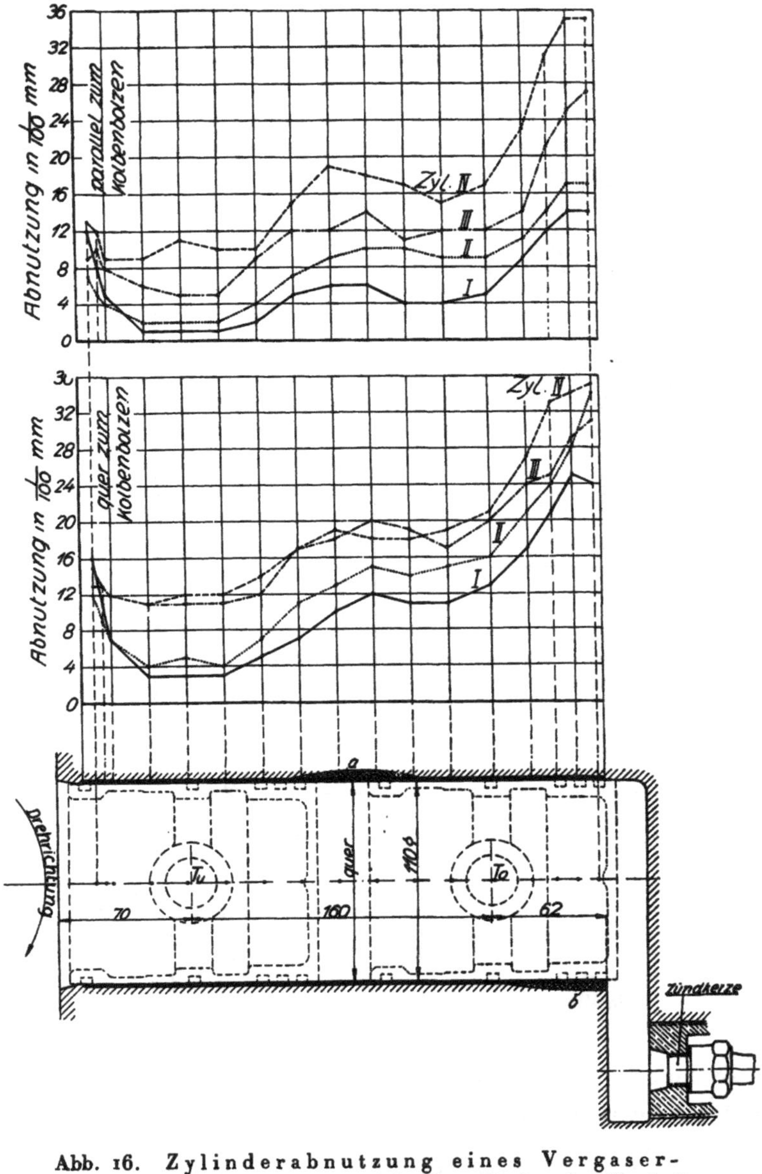

Abb. 16. Zylinderabnutzung eines Vergaser-Schleppermotors. 4—110/160 in 165 Stunden Laufzeit. Kein Luftreiniger. Eintritt der Saugluft 1,84 (2,66) m über dem Erdboden.

Brinellhärte der gußeisernen Zylinder 170 bis 190 kg/mm².

Kolben: Gußeisen.

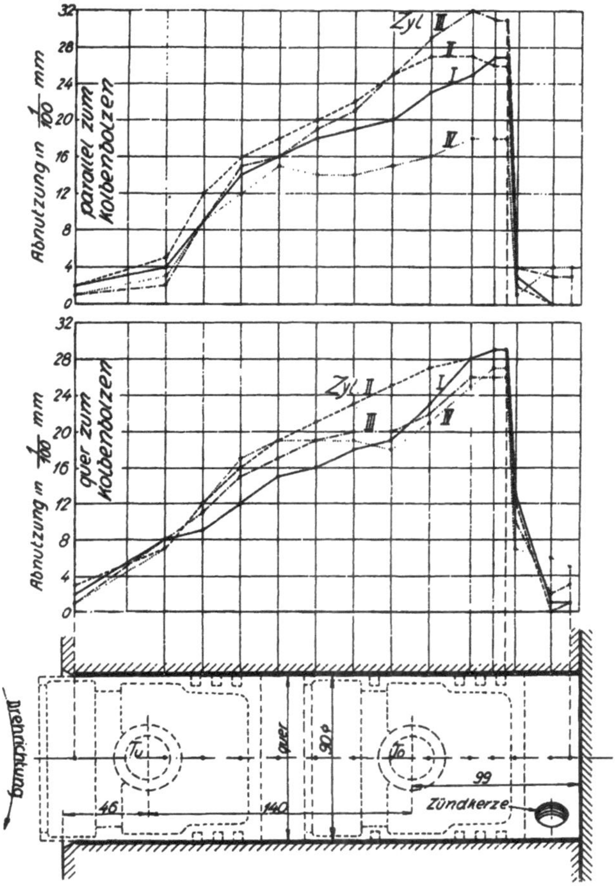

Abb. 17. Zylinderabnutzung eines Vergaser-Schleppermotors. 4—90/140 in 161 Stunden Laufzeit. Luftreiniger: ölbenetzte Metallspäne in einer Trommel 88 mm Durchm., 300 mm lang. Eintritt der Saugluft 1,2 m über dem Erdboden. Kolben: Gußeisen.

Der Zweitakt-Glühkopfmotor, Abb. 18, hatte die geringste Abnutzung der Zylinder, welche 13 Hundertstel Millimeter betrug.

Die Zylinder des Benz-Viertakt-Dieselmotors, Abb. 19, waren bis 28 Hundertstel Millimeter, also in derselben Größenordnung wie die Zylinder der Vergasermaschinen, abgenutzt.

Die Hauptschuld an der starken Abnutzung der Motoren mit Ausnahme des Zweitakt-Glühkopfmotors ist eine unzulängliche Reinigung der Verbrennungsluft von Flugstaub. Hinzu kommen zum

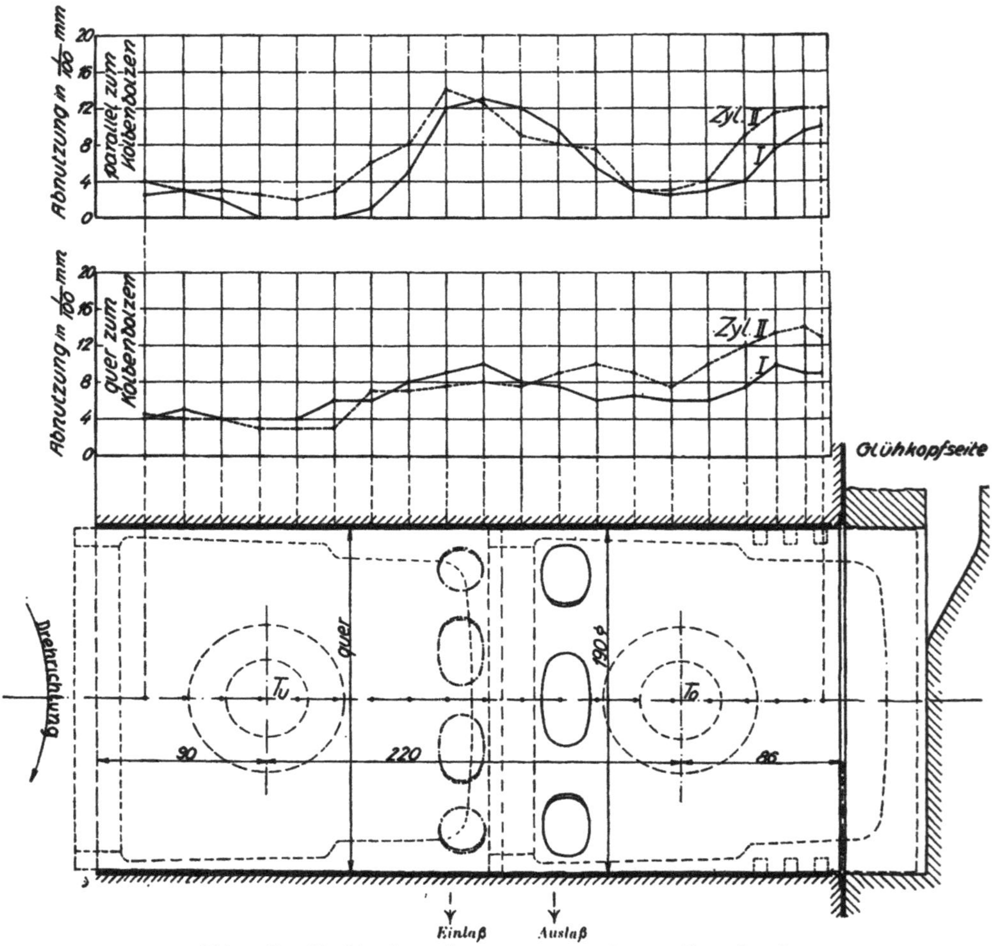

Abb. 18. Zylinderabnutzung eines Zweitakt-Glühkopfmotors. 2—190/220 in 150 Stunden Laufzeit. Luftreiniger: ölbenetzte Blechsiebe von 5895 cm² Fläche. Eintritt der Saugluft 2,45 m über dem Erdboden. Kolben: Aluminiumguß.

Teil Ursachen motortechnischer Art, welche vom Kraftfahrzeugbau her bekannt sind, insbesondere unzulängliche Härte des Gußeisens der Zylinder, welches anstatt der erforderlichen Härte von 175 bis 200 in einem Falle nur 137 kg/mm² Brinell hatte.

Weitere Schuld hat die Überhitzung des obersten Teiles der Zylindergleitbahn infolge schlechter Zylinderkühlung und schlechter Dichtungsringe. Heiße Verbrennungsgase, welche durch den Ringspalt zwischen Kolben und Zylindergleitbahn entweichen, verdampfen

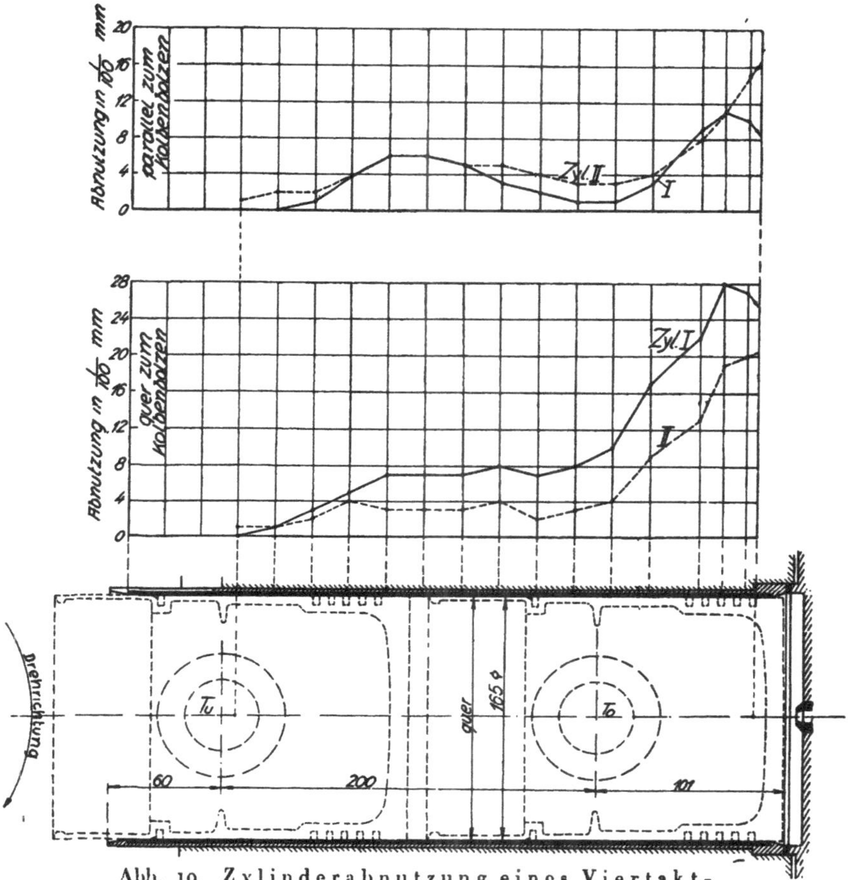

Abb. 19. Zylinderabnutzung eines Viertakt-Dieselmotors. 2—165/200 in 167 Stunden Laufzeit.
Luftreiniger: ölbenetztes Blechsieb mit wiederholtem Richtungswechsel.
Eintritt der Saugluft 2,5 m über dem Erdboden.
Kolben: Aluminium.

das Öl, trocknen die Zylindergleitflächen und Kolbengleitflächen. Die Folge ist sehr hohe Reibung und Abnutzung der aufeinander laufenden Teile.

Ein Gußeisenkolben aus den am stärksten abgenutzten Zylindern war unter diesen schädlichen Einflüssen in der obersten Ringnut über 1 mm ausgeschlagen. Bei einem anderen Gußeisenkolben war der oberste Dichtungsring radial und achsial über die Hälfte weggerieben.

Bei dem nur wenig abgenutzten Lanz-Zweitakt-Glühkopfmotor waren auch die Leichtmetallkolben in einwandfreiem Zustande.

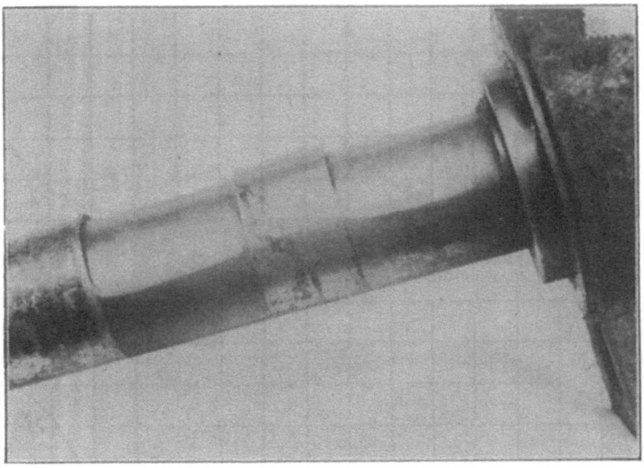

Abb. 20.

In den Motoren mit stark abgenutzten Zylindergleitflächen waren die Kurbelwellenzapfen bis zu 15 Hundertstel Millimeter abgenutzt.

Zur Kennzeichnung der Größenordnung der gemessenen Zylinderabnutzung sei darauf hingewiesen, daß bei Lastkraftwagen ohne Luftreiniger ein mittlerer Verschleiß der Zylinder von 1 Hundertstel Millimeter je 1000 km Fahrstrecke, entsprechend 1,7 Hundertstel Millimeter Verschleiß je 100 Betriebsstunden auftritt. Die Abnutzungswerte für gleiche Betriebsdauer der obigen Schleppermotore sind also bis zu achtmal so groß als die bei Lastkraftwagen üblichen.

Die untersuchten amerikanischen Schlepper und Cletrac verwenden Luftreiniger mit Wasserbad (Abb. 130, II. Teil). Holt benutzt zwei hintereinander geschaltete Luftreiniger (Abb. 145 und 143). Ein Zentrifugalreiniger bringt zunächst die gröberen Staubteile zum Ausfall. Diese werden durch eine Abgassaugdüse aus dem Luftreiniger entfernt. Die Luft strömt dann in einen großen Nachreiniger, welcher mit ölgetränkten Roßhaaren gefüllt ist.

Der Staub ist aber auch der ärgste Feind aller übrigen Lagerstellen am Schlepper. Insbesondere bei den Raupenlaufwerken sind die Lager der überstürzenden Erde ausgesetzt. Der in Abb. 20 gezeigte Tragzapfen des vorderen Führungsrades einer der untersuchten Raupen ist ein Beispiel der starken Zerstörung von unzureichend gegen Schmutz geschützten und auch schlecht geschmierten Lagerstellen. Dieser Tragzapfen ist an den Lagerlaufflächen 3 mm abgenutzt. Die auf dem Zapfen gelaufene Bronzebüchse war in 150 Betriebsstunden zusätzlich um $4^1/_2$ mm abgenutzt, so daß die Lagerung einen Verschleiß von $7^1/_2$ mm aufwies.

Bei neueren Schlepperbauarten sieht man eine vollkommenere Abdichtung der Lager gegen Schmutz und eine sorgfältigere Schmierung vor.

Beim Cletrac-Raupenschlepper werden die zahlreichen Lagerstellen der Raupenlaufwerke zentral durch eine von Hand zu betätigende Schmierpumpe geschmiert (Abb. 125).

Schlußfolgerung.

Die Erkenntnisse über die Eigenarten, Vorteile und Nachteile der verschiedenen Schlepperbauarten schließen die Möglichkeit aus, für die mannigfaltige Verwendung von Schleppern in Industrie und Landwirtschaft und die verschiedenartigen Arbeitsbedingungen nur eine Schlepperbauart zu schaffen.

Die Radschlepper haben den Vorzug einer vielseitigen Verwendbarkeit für die Arbeiten auf der Straße und auf dem Acker. Sie geben auch den weitesten Spielraum für die Ausnutzung des Leistungsfaktors „Arbeitsgeschwindigkeit". Wenn die Arbeitsgeschwindigkeiten in der weiteren Entwicklung der Motorisierung hochgetrieben werden, ändern sich die Arbeitsbedingungen zugunsten der Radschlepper.

Die erläuterten Unzulänglichkeiten bei manchen Radschleppern, zu kleine Räder für Ackerarbeit, schlechte Ausnutzung des Gesamtgewichtes als Adhäsionsgewicht der Triebräder, zu kleine Arbeitsgeschwindigkeiten, grundsätzlich falsche Bauarten wie Vorderradantrieb und große Kräfte in den Getrieben infolge ungünstiger Getriebebauart und unzweckmäßiger Motorbauart lassen sich an Hand der gewonnenen Erkenntnisse ausschalten.

Die Frage der Motorenbauart wird, wie bereits im Abschnitt „Motoren" erläutert, von der Höhe der Arbeitsgeschwindigkeit in erster Linie, von der Wirtschaftlichkeit erst in zweiter Linie entschieden.

Der R a u p e n schlepper, nach den gekennzeichneten Gesichtspunkten richtig durchgebildet, bietet für reinen Ackerbetrieb und auf weniger tragfähigen Böden den Vorzug der großen Durchzugsfähigkeit und der besseren Leistungsausnutzung. Für Arbeiten auf der Straße und für hohe Arbeitsgeschwindigkeiten ist der Raupenschlepper weniger geeignet.

Die Bestrebungen, Radschlepper und Raupenschlepper in einer Schlepperbauart zu vereinigen, haben an Hand der zahlenmäßigen Feststellung der Leistungen und Wirtschaftlichkeit eine grundsätzliche Berechtigung. Einfache Handhabung und wirtschaftliche Herstellung müssen aber dabei gewahrt bleiben.

Eine die ganze Motorisierungsfrage entscheidende Bedeutung kommt der Arbeitsgeschwindigkeit zu. Die meisten Feldarbeiten und auch ein großer Teil der Arbeitsleistungen auf der Straße mit Schleppern spielen sich noch bei den niedrigen Geschwindigkeiten ab, welche der uralten Betriebsart mit tierischen Zugkräften entnommen worden sind. Dieses ist zunächst durch die notwendige Verwendung der vorhandenen Arbeitsgeräte begründet, aber unzweifelhaft eine starke Erschwerung der Motorisierung. Die Steigerung der Arbeitsgeschwindigkeit macht die ganze Wirtschaftsform wirtschaftlicher und leistungsfähiger und wird der motorisierten Landwirtschaft ein neues Gepräge geben.

Zur Förderung dieser Entwicklung müssen die Möglichkeiten einer Geschwindigkeitssteigerung der Ackergeräte erforscht werden. Für die Fahrzeuge bietet der Kraftwagenbau bereits zahlreiche Anhaltspunkte, welche bei den Neuausführungen in stärkerem Maße als bisher berücksichtigt werden sollten.

Ich möchte noch ein Wort über die Leistungsbezeichnung der Schlepper sagen. Der Verbraucher ist an der Motorleistung nur soweit interessiert, als er den Schlepper zum ortsfesten Antrieb von Arbeitsmaschinen, Dreschmaschinen u. dgl. benutzt. Für Feldarbeit interessiert nur die Nutzzugleistung am Zughaken. Diese sollte daher in der Schlepperbezeichnung mitgenannt werden. Das geschieht bereits bei vielen amerikanischen Schleppern. Dadurch wird die Auswahl einer zweckmäßigen Schleppergröße wesentlich erleichtert.

Angaben
über die in den Kurvenbildern 1, 3, 4
behandelten amerikanischen Schlepper

Angaben über die in den Kurvenbildern 1, 3, 4 behandelten amerikanischen Schlepper.

Bezugszahlen in den Kurvenbildern		Schlepper	Zylinderzahl	Bohrung mm	Hub mm	Gesamtes Hubvolumen Liter	Motordrehzahl aus 10 Std.-Lauf in Lincoln Nebr. min.⁻¹	Motordrehzahl je 100 m Fahrstrecke im Ackergang[1]) n·100 m	Schleppergewicht kg
1	Radschlepper	Mc. Cormick Deering „Farmall"	4	95,25	127,0	3,62	1207	1429	1855
2	"	Oil Pull „R"	2	198,5	241,3	14,92	543	753	5400
4	"	Heider 15 ÷ 27	4	120,7	171,5	7,85	909	1305	2780
6	"	Oil Pull „L"	2	147,6	177,8	6,09	741	1069	2740
7	"	Oil Pull „M"	2	173,0	209,6	9,84	611	866,5	3970
8	"	Case 25 ÷ 45	4	139.7	171,5	10,51	856	969	4820
9	"	Case 18 ÷ 32	4	114,3	152,4	6,25	1013	1114	3030
11	"	Hart Parr 12 ÷ 24	2	139,7	165,1	5,06	778	889	2120
12	"	Hart Parr 16 ÷ 30	2	165,1	177,8	7,61	740	921	2720
15	"	Oil Pull „S"	2	228,6	279,4	22,9	473	681	7940
16	"	John Deere „D"	2	165,1	177,8	7,61	783	830	1930
21	"	Hart Parr 40	4	139,7	165,1	10,12	807	910,5	3760
22	"	Avery 20 ÷ 35	4	123,8	177.8	8,55	910	1155,5	3420
23	"	Mc. Cormick Deering	4	108,0	127,0	4,65	939	1053	1820
24	"	Russel „Big Boss"	4	139,7	177 8	10,90	873	1296	3630
25	"	Russel „Little Boss"	4	127,0	165,1	8.36	961	1428	2780
26	"	Walles „Ok"	4	108 0	146,0	5,36	949	1355	1820
27	"	Case 12 ÷ 20 1923	4	104,8	127.0	4.39	1041	1257	2020
28	"	Case 40 ÷ 72	4	177,8	203.2	20,2	769	954	9610
30	"	Case 12 ÷ 20 1922	4	104,8	127,0	4,39	1034	1325	2020
31	"	International	4	114,3	152,4	6.26	1011	1379	2730
35	"	Allis Chalmers 18 ÷ 30	4	120,7	165,1	7,56	951	1110	3010
36	"	Allis Chalmers 12 ÷ 20	4	104,8	133,4	4,61	1094	1276	2060
37	"	Eagle 12 ÷ 22	2	177.8	203,2	10,1	469	566	2760
38	"	Eagle 16 ÷ 30	2	203,2	203,2	13.2	460	565,5	3270
39	"	Hart Parr 20	2	133,4	165,1	4,62	760	946	1870
40	"	Russel Giant „A"	4	203.2	254,0	32,9	574	1057	10060
41	"	Shawnee Power Patral	4	—	—	—	—	3280	1970
44	"	Lauson „S"	4	104,8	133,4	4,61	1175	1458	2220
45	"	Huber Super H	4	114.3	152,4	6,26	1004	1310	2760
46	"	Westmore	4	101.6	139,7	4,53	1235	1369	1360
47	"	Avery 8 ÷ 16	2	139,7	152,4	4,68	783	1295	2220
48	"	Avery 12 ÷ 25	2	165,1	177,8	7,61	684	1204	3400
49	"	Minneapolis	4	120,7	177,8	8,14	790	1432	2900
50	"	Post Huron	4	120,7	152,4	6,98	1197	1925	3060
51	"	Bates-Steel-Mule	4	104.8	133,4	4,6	1130	1780	2085
52	"	Twin-City	4	139.7	171,5	10,51	977	1253	3670
53	"	Square Turn	4	127,0	165,1	8,36	913	1380	3540
54	"	Toro	4	79,4	114,3	2,28	1215	1708	1180
55	"	Townsend	2	177,8	203,2	10,1	544	908	3180
56	"	Indiana	4	79.4	114.3	2,28	1046	1769	1090
59	"	Avery 18 ÷ 36	4	139,7	152,4	9.33	811	1258	4200
60	"	Monarch 18 ÷ 30	4	120,7	152,4	6,98	946	1682	3670
61	"	Allis Chalmers 6 ÷ 12	4	79.4	114,3	2.28	1029	1682	1135
62	"	All Work	4	127,0	152,4	7,72	903	1258	2270
64	"	Lauson	4	120.7	152,4	6,98	963	1363	2950

[1]) Die Kolonne „Motordrehzahl je 100 m Fahrstrecke im Ackergang" kennzeichnet den Schnellauf des Motors. Vgl. hierzu die Ausführungen des Verfassers über Kraftfahrzeuge in Becker, „Lehren des amerikanischen und europäischen Automobilbaues" (Z. V. d. Ingenieure VIII u. X, 1926. Motorwagen VII, 1926).

Angaben über die in den Kurvenbildern 1, 3, 4 behandelten amerikanischen Schlepper.

Bezugszahlen in den Kurvenbildern		Schlepper	Zylinderzahl	Bohrung mm	Hub mm	Gesamtes Hubvolumen Liter	Motordrehzahl aus 10 Std.-Lauf in Lincoln Nebr. min.$^{-1}$	Motordrehzahl je 100 m Fahrstrecke im Ackergang[1]) n/100 m	Schleppergewicht kg
65	Rad-shlepper	Flour City 18 ÷ 35	4	139,7	152,4	9,33	752	1550	4535
67	„	Frick „A“	4	101,6	152 4	4,95	900	1406	2630
68	„	Frick „C“	4	120,7	152,4	6,98	910	1408	2760
71	„	Avery 25 ÷ 50	4	165,1	203,2	17,4	694	955	5680
72	„	Avery	6	76,2	101,6	2,78	1291	1831	1570
73	„	Avery „C“	6	76,2	101,6	2 78	1156	1989	1430
74	„	Aultmann Taylor 22 45	4	139,7	203,2	12,47	626	951	5850
75	„	Aultmann Taylor 15/30	4	127,0	165,1	8 36	816	1291	3740
77	„	La Cross „G“	2	152,4	177,8	6,48	821	1115	2120
78	„	Beemann „G“	1	88,9	114.3	0,717	1334	2291	250
79	„	Hart Parr 30	2	165,1	177,8	7,61	752	1010	2470
80	„	Wisconsin „E“	4	127,0	165,1	8,36	899	1434	2750
81	„	Emerson Bran	4	120 7	127,0	5 82	944	1231	2000
82	„	Twin City 12 ÷ 20	4	108,0	152,4	5,58	988	1259	2270
83	„	Fordson	4	101,6	127,0	4,12	1060	1541	1230
84	„	Heider „D“	4	108.0	146,1	5.35	977	1446	1860
85	„	Heider „C“	4	114,3	171.5	7,04	906	1458	2810
87	„	Minneapolis 22 ÷ 44	4	152,4	177,8	12,98	701	970	5630
88	„	Minneapolis 12 ÷ 25	4	114,3	177.8	7,31	759	1315	2990
89	„	Huber Light 4	4	114.3	146,1	6,00	989	1290	2510
90	„	Oil Pull „G“	2	203,2	254,0	16,5	455	848	5880
91	„	Oil Pull „K“	2	152,4	203,2	7,42	588	1044	3010
92	„	Oil Pull „H“	2	177,8	215,9	10.71	540	979	4310
94	„	Case 22 ÷ 40	4	139,7	171,5	10,5	852	1508	4510
95	„	Case 15 ÷ 27	4	114,3	152,4	6,26	927	1580	2930
96	„	Waterloo Boy	2	165,1	177,8	7,66	778	1269	2800
100	„	Twin City 17 ÷ 28	4	108,0	152,4	5,68	998	1620	2600
101	„	Twin City 27 ÷ 44	4	139,7	171,4	10,5	904	1440	4850
3	„	Shawnee Thirty	4	—	—	—	—	1750	4460
34	„	Rogers	4	171.5	228.6	21,12	828	926,5	8820
5	laupen-shlepper	Monarch „C“	4	120,7	152,4	6,98	1214	1648	4810
10	„	Monarch „D“	6	120,7	152,4	10,46	1218	2214	7610
13	„	Best „A 60“ (1923)	4	165,1	215,9	18,48	649	957	9070
14	„	Best „S 30“ (1923)	4	120,7	165,1	7,56	852	1216	4110
17	„	Bear B 1924	4	120,7	165,1	7,56	1285	1302	3170
18	„	Bear B 1923	4	120,7	165,1	7,56	1208	1320	2900
19	„	Best „30“	4	120,7	165,1	7,56	799	974	3670
20	„	Best „60“	4	165,1	215,9	18,48	668	963	8420
32	„	Holt „T 35“	4	101,6	139,7	4,53	1036	1290	1830
33	„	Cletrac „F“	4	82,6	114,3	2,45	1568	1986	870
42	„	Best „S 30“ (1921)	4	120,7	165,1	7,56	810	1036	3360
43	„	Best „A 60“ (1921)	4	165,1	215.9	18,4	692	994	7940
69	„	Cletrac „W“	4	101,6	139,7	4,53	1386	1430	1495
99	„	Cletrac K 15/25	4	101,6	139,7	4,53	1426	2500	2100
29	Rd / Raupe	Avery-Track-Runner	4	101,6	139,7	4,53	1124	1442	2540

[1] Die Kolonne „Motordrehzahl je 100 m Fahrstrecke im Ackergang“ kennzeichnet den Schnellauf des Motoi. Vgl. hierzu die Ausführungen des Verfassers über Kraftfahrzeuge in Becker, „Lehren des amerikanischen ud europäischen Automobilbaues“ (Z. V. d. Ingenieure VIII u. X, 1926. Motorwagen VII, 1926).

ZWEITER TEIL

ERGEBNISSE DER EINZELNEN SCHLEPPER-UNTERSUCHUNGEN

Ausgeführt in der Versuchsanstalt für Kraftfahrzeuge an der Technischen Hochschule zu Berlin, 1925/26

Versuchsverfahren und Versuchsgliederung.

Zur Erprobung wurden der Kraftwagenprüfstand und mehrere provisorisch geschaffene Hilfsprüfstände der Versuchsanstalt für Kraftfahrzeuge verwendet. Die bei den umfangreichen Kraftwagenuntersuchungen ausgebildeten und erprobten Meßmethoden fanden sinngemäße Anwendung. Der Betriebseigenart der Schlepper entsprechend waren aber Zusatzeinrichtungen zu schaffen. An dieser Stelle sollen nur drei Hauptpunkte des Meßverfahrens erläutert werden.

1. Bestimmung der Radnabenleistung.

Die Wagenprüfstände, bei welchen die Triebräder auf Trommeln laufen, gestatten zunächst die Ermittlung der an die Trommeln (Fahrbahn) abgegebenen Leistung durch Leistungsmesser im Prüfstand. Diese Fahrbahnleistung ist gleich der Motorleistung abzüglich der Verluste im Wagentriebwerk und der Rollverluste in der Bereifung der Triebräder.

Während die Rollverluste mit der Art der Bereifung wechseln, bleiben die an den Triebradnaben erzeugten Leistungen unverändert, ob der Schlepper Feldarbeit leistet oder für Lastentransport auf der Straße verwendet wird. Die Radnabenleistung ist die „verlustfreie Zugleistung“ des Schleppers, wenn keine Rollverluste der Laufwerke (Räder bzw. Raupen) entständen. Sie kennzeichnet die dem Laufwerk des Schleppers für alle Betriebsarten zugeführte Antriebsenergie. Auf diese Weise wird auch ein Aufschluß über das Verhalten des Laufwerkes, über seine Rollverluste auf dem Acker und auf der Straße und sein Haftvermögen am Boden zur Übertragung der Triebkräfte gewonnen.

Aus der Radnabenleistung erhält man die „verlustfreie Zugkraft“, welche zur Überwindung des Rollwiderstandes der Triebräder und der übrigen Laufräder und mit dem Rest als Zugkraft für Anhängegeräte zur Verfügung steht.

Die „Nutzzugkräfte“ und „Nutzzugleistungen“ sind die am Zughaken des Schleppers verfügbaren Kräfte bzw. Leistungen.

Abb. 21. Radschlepper auf dem Wagenprüfstande mit Einrichtung zur Messung des Wagenmomentes.

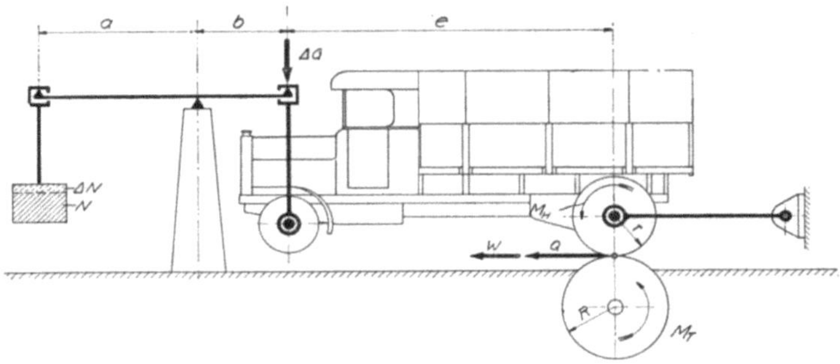

Abb. 22. Meßmethode zur Bestimmung der Radnabenleistungen.

$\triangle G$ = Gewichtsentlastung der Vorderachse durch das Antriebsmoment M_H der Räder;

Q = Nutzumfangskraft der Triebräder an der Fahrbahn;

W = Rollwiderstand der Triebräder

$$\triangle G \cdot e - (Q + W) \cdot r = 0$$

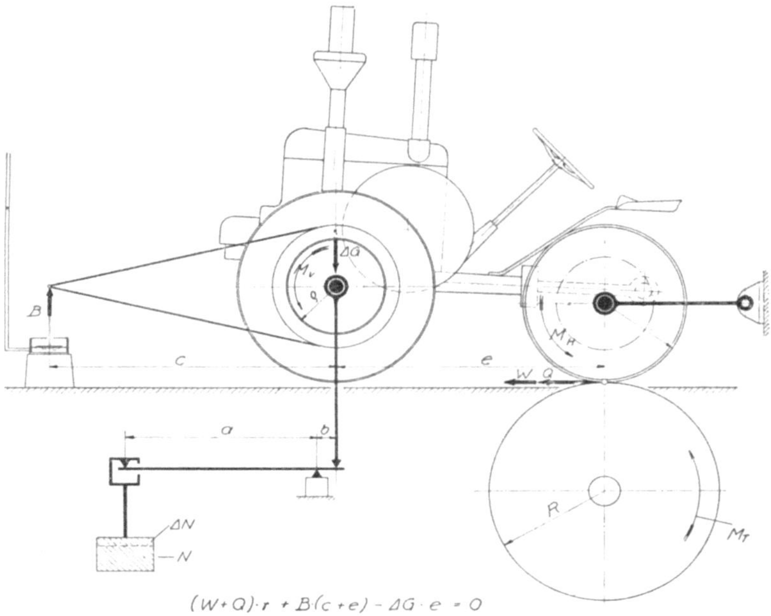

$$(W+Q)\cdot r + B(c+e) - \Delta G \cdot e = 0$$

Ab. 23. Meßmethode zur Bestimmung der Radnabenleistungen bei Vierradschleppern.

Abb. 4. Vorderradbremsung bei Vierradschleppern.

Abb. 25 u. 26. Raupenschlepper Bear und Holt mit Leistungsbremsen an den Raupentriebrädern.

Die im Jahre 1912 vom Verfasser für die Kraftwagenuntersuchungen auf dem Prüfstande eingeführte Methode zur Messung des Wagenmomentes, aus welchem sich die Radnabenleistungen errechnen, ist aus den Abb. 21 und 22 ersichtlich.

Für die Untersuchung des Lanz-Ackerbulldogs mit Vierradantrieb ist die Wagenmomentmethode in der in Abb. 23 dargestellten Art erweitert. Der Anteil der Vorderräder an der gesamten Antriebsleistung wurde durch an den Vorderradspeichen angreifende Bremsen gemessen (Abb. 24). Da die volle Ausnutzung der Antriebsleistungen des Schleppers nur mit Greifern und auf lockerem Boden möglich ist, mußten in der Prüfstanderprobung die Triebräder an ihren Speichen zusätzlich mit Bremsen ausgerüstet werden. Diese nahmen die an die Prüfstandtrommeln (Fahrbahn) nicht übertragbaren, nur bei Ackerarbeit in Frage kommenden Mehrleistungen auf.

Bei den in den Nachversuchen untersuchten Raupenschleppern sind die von den Schleppern in die Laufaggregate hineingeleiteten Radnabenleistungen bei den verschiedenen Schaltgängen unmittelbar durch Bremszäume an den Raupenantriebrädern gemessen worden (Abb. 25 und 26). Zu diesem Zweck waren die Laufaggregate abmontiert und durch Bremstrommeln mit Bremszäumen an den Raupenantriebrädern ersetzt. Aus dieser Leistung ergaben sich die verlustfreien Zugkräfte der Raupenschlepper.

2. Betriebssicherheit.

Ergänzend zu den Beobachtungen während der praktischen Erprobung der Schlepper mußte die wissenschaftliche Untersuchung die Betriebssicherheit durch Messungen erfassen. Zu diesem Zweck war für die Schlepper im Wettbewerb ein je zehnstündiger Dauerlauf auf dem Prüfstand mit der beim Pflügen gemessenen Geschwindigkeit, dem dabei benutzten Getriebegang und voller Motorleistung vorgesehen. Die dabei auftretende Beanspruchung ist die höchste, welche bei schwerer Feldarbeit eintreten kann. Sie übertrifft diese insoweit, als die Entlastungsintervalle beim Wenden auf dem Acker fortfallen.

Überbelastungen von Maschinenteilen haben stets Temperatursteigerungen zur Folge, so daß Lagerstörungen oder starke Abnutzung in den Öltemperaturen zum Ausdruck kommen.

Ermittelt man rechnerisch aus den Abmessungen der Triebwerksteile die Belastung der Lager und der Zahnflanken, so kann

Abb. 27. Schleppermotor auf dem Bremsstande.

man im Zusammenhang mit den Öltemperaturen feststellen, ob einzelne Triebwerksteile unterbemessen sind, oder ob nur die Ausführung oder die Schmierung mangelhaft ist.

Um den Einfluß des Flugstaubes auf die Abnutzung insbesondere der Motorzylinder festzustellen, sind die Zylinderdurchmesser über ihre ganze Länge nach Abschluß der Wettbewerbsversuche gemessen worden. Am Schluß der Versuche sind die einzelnen Teile der Schlepper auf Abnutzung nachgeprüft worden.

Die Motorleistungen und der Brennstoffverbrauch sind an den ausgebauten Motoren auf dem Motorprüfstande gemessen worden (Abb. 27). Dabei ist der Einfluß des Luftreinigers und des Schalldämpfers auf die Leistung und den Verbrauch festgestellt worden.

3. Verluste im Laufwerk, d. h. in den Rädern, bzw. Raupen (Wirkungsgrad des Laufwerkes).

Die Prüfstandswerte der Zugleistungen bei Gummibereifung sind auf der Straße durch Zugmessungen nachgeprüft worden. Dabei wurden die auf dem Prüfstande gemessenen Werte voll bestätigt.

Zur Bestimmung der Ackerzugkräfte bzw. Ackerzugleistungen und der Zugleistungen auf der Straße wurde ein besonderer Meßwagen gebaut.

Zur Erzielung genauer Meßwerte sind die Zugkräfte mit einer mit Wasser gefüllten Membranmeßdose, welche ich nach den früheren Mißerfolgen mit Federdynamometern für meine Kraftwagenuntersuchungen entwickelt habe, gemessen worden.

Der bei den Messungen benutzte Meßwagen ist aus einem Lanz-

Abb. 28. Messungen der Schlepperzugkräfte mit einem Meßwagen.

Felddank-Fahrgestell hergestellt worden. Zur Widerstandsregulierung im Meßwagen wurden die Hinterräder dieses Fahrgestelles mit regulierbaren Bandbremsen versehen (Abb. 28).

Die zu prüfenden Schlepper mußten bei verschiedenen Fahrgeschwindigkeiten und Schaltgängen den Meßwagen auf der Straße und auf dem Acker ziehen. Die mit dem Meßwagen ermittelten Nutzzugkräfte und die „verlustfreien Zugkräfte“ aus der Laboratoriumsprüfung ergeben in ihrer Differenz die Verluste im Laufwerk der Schlepper und damit die Wirkungsgrade des Laufwerkes.

Die Zugmessungen sind auf den Reitwegen im Tiergarten Berlin ausgeführt worden, welche entgegenkommenderweise von der Tiergartenverwaltung freigegeben waren. Hierbei hat sich herausgestellt, daß der sandige, aufgelockerte Boden der Tiergartenreitwege im trockenen Zustande nur sehr geringes Haftvermögen hat und erst nach Besprengung leichtem Ackerboden gleichzusetzen ist.

Bei den Messungen der Zugkräfte mit dem Meßwagen ist der Schlupf des Laufwerkes der Schlepper bestimmt worden.

Die angewandte Methode zur Bestimmung der Laufwerksverluste hat sich wie bei meinen kraftfahrtechnischen Untersuchungen als sehr zuverlässig bewährt. Voraussetzung ist aber, daß die Maschinen vor den Messungen eingelaufen sind, und daß während der zusammengehörigen Messungen keinerlei Nacharbeiten an den Schleppern vorgenommen werden. Durch eine Nachprüfung der Radnabenleistungen nach den Zugmessungen werden Fehlerquellen durch etwaige Zustandsänderungen des Motors ausgeschlossen.

Uebersicht über die in der wissenschaftlichen Untersuchung ermittelten Betriebswerte der Schlepper.

1. Radnabenleistungen und verlustfreie Zugkräfte bei allen Schaltgängen.
2. Motornutzleistungen im ganzen Drehzahlbereich.
3. Rollverluste und Wirkungsgrade der Laufwerke, (Räder oder Raupen).
4. Triebwerkverluste als Differenz der Werte von 2. u. 1.
5. Nutzzugleistungen der Schlepper auf der Straße und auf dem Acker.
6. Brennstoffverbrauch.
7. Schlupf und Adhäsionsvermögen der Laufwerke.
8. Änderung der Achsdrücke durch die Umfangskräfte an den Triebrädern.
9. Temperaturen im zehnstündigen Dauerlauf
   a) des Kühlwassers,
   b) des Schmieröles im Motor,
   c) des Schmieröles im Schaltgetriebe,
   d) des Schmieröles im Hinterachsantrieb.
10. Leistungen, Brennstoffverbrauch und Ölverbrauch des Motors im zehnstündigen Dauerlauf.
11. Einfluß des Luftreinigers und des Schalldämpfers auf die Motorleistung.
12. Verschleiß von Triebwerksteilen und der Zylindergleitbahn.

Verwendete Betriebsstoffe.

Die Laboratoriumsversuche sind bei den Wettbewerbsschleppern mit den gleichen Betriebsstoffen durchgeführt worden, welche von den Bewerbern bei den vorangegangenen praktischen Wettbewerbs-Prüfungen benutzt worden waren. In einigen Fällen ist vergleichsweise Benzol verwendet worden. Nachstehend ist ein Überblick über die verwendeten Betriebsstoffe gegeben. Die Siedekurven sind in Abb. 29 zusammengestellt.

1. Benzol, Marke „Motorenbenzol“, Verbandsware der Firma Benzol-Vertrieb des Ostens G. m. b. H. Unterer Heizwert

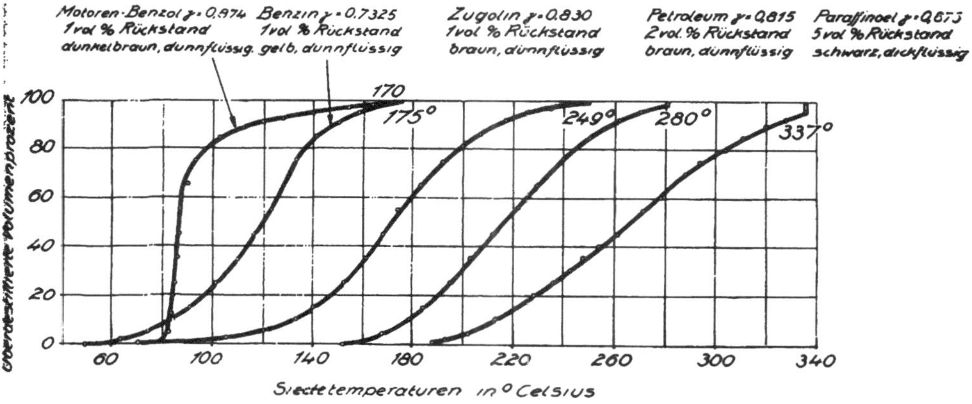

Abb. 29. Siedekurven der bei den Versuchen verwendeten Brennstoffe.

9500 WE/kg. Spezifisches Gewicht $\gamma = 0{,}874$ bei 20° C. Preis: 43 M./100 kg im April 1925 = 0,453 M./10 000 WE. In den Hauptversuchen verwendet bei: Pöhl und M. T. W.; in den Vergleichsversuchen verwendet bei: W. D. und Fordson.

2. **Zugolin**, von der Fa. Friedrich Hildebrand, Berlin-Wilmersdorf. Unterer Heizwert 9720 WE/kg. Spezifisches Gewicht $\gamma = 0{,}830$ bei 20° C. Preis: 22 M./100 kg im April 1925 = 0,226 M./10 000 WE. In den Hauptversuchen verwendet bei W. D.
3. **Deutsches Gasöl** (Paraffinöl) der Fa. Riebeck-Montan. Unterer Heizwert 9770 WE/kg. Spezifisches Gewicht $\gamma = 0{,}877$ bis 0,89 bei 20° C. Preis: 15,75 M./100 kg im April 1925 = 0,161 M./10 000 WE. In den Hauptversuchen verwendet bei Lanz-Felddank, Lanz-Bulldog und bei Benz-Sendling.
4. **Petroleum**, Deutsche Petroleum Verk. Ges., Berlin. Unterer Heizwert 10 340 WE/kg. Spezifisches Gewicht $\gamma = 0{,}815$. Preis: 26 M./100 kg im Januar 1926 = 0,25 M./10 000 WE. In den Hauptversuchen verwendet bei Fordson und Cletrac.
5. **Benzin** von der Fa. Philipp Mühsam, Berlin. Unterer Heizwert 10 460 WE/kg. Spezifisches Gewicht $\gamma = 0{,}7325$. Preis: 43 M./100 kg im Februar 1926 = 0,411 M./10 000 WE. In den Hauptversuchen verwendet bei Bear, Holt, Renault und in Vergleichsversuchen bei Cletrac.
6. **Schmieröle**, Gargoyle Mobil B B der Fa. Deutsche Vacuum Öl A. G., Berlin SW. Preis: 1,50 M./kg im April 1925.

Versuchsergebnisse.

W. D. - Schlepper
der Deutschen Kraftpfluggesellschaft Berlin,
gebaut von HANOMAG, Hannover.

Bauart.

Zweiachsiger Vierradschlepper mit Antrieb der beiden Hinterräder (Abb. 30). Motor, Getriebe und Hinterachsbrücke in einem Block, welcher zugleich als Rahmen des Fahrgestelles dient.

Abb. 30. W. D. - Schlepper.

Gewichte des Schleppers

	für Straßenzug	für Feldarbeit
Schlepper, trocken	2597 kg	1972 kg
Gewicht des Fahrers, angenommen zu .	73 „	73 „
Wasser	25 „	25 „
Schmieröl im Motor	5 „	5 „
Fett im Getriebe und Differential . . .	27 „	27 „
Brennstoff im gefüllten Tank (Benzol und Zugolin)	68 „	68 „
Zusammen:	2795 kg	2170 kg

Vorderachsdruck im Stillstand	765 kg	755 kg
Hinterachsdruck im Stillstand (betriebsfertig, einschließlich Fahrer)	2030 „	1415 „

Auflagefläche der gummibereiften Räder vorn 84,3 cm²
Auflagefläche der gummibereiften Räder hinten 302,5 cm²

größte Breite vorn 54 mm, hinten 83 mm
größte Länge vorn 125 mm, hinten 150 mm } eines Reifens

spez. Auflagedruck im Stillstand vorn 9,1 kg/cm²
spez. Auflagedruck im Stillstand hinten 6,7 kg/cm² } betriebsfertig für Straßenfahrt

Einzelgewichte:

Motor trocken	410 kg
Vollständige Vorderachse mit Vorderrädern und Gummibereifung	186 kg
1 Hinterrad mit Gummibereifung	600 kg
1 Hinterrad mit Radverbreiterung und Greifern . .	293 kg
Achsabstand	1660 mm
Spurweite (bei Gummibereifung) vorn	1210 mm
Spurweite (bei Gummibereifung) hinten . . .	1300 mm

Bodenfreiheit der Maschine:

bei Straßenfahrt . . . . 180 mm
auf dem Acker . . . . zirka 180 mm } unter der Zuglasche

Lenkung mit Kegelräderübersetzung. Gesamtes Übersetzungsverhältnis, d. h. Laufradausschlag : Handradausschlag 1:4,55

Kleinster äußerer Wenderadius (äußeres Vorderrad) 3,8 m
Kleinster innerer Wenderadius (inneres Hinterrad) 2,1 m

Durchmesser, Breite und Bereifung der Laufräder.

a) für Straßenfahrt:

vorn: Vollgummi Continental Elastic 700 × 100 mm einfach,
hinten: Vollgummi Continental Elastic 1040 × 130 mm doppelt;

b) für Feldarbeit:

vorn: 700 mm Durchmesser × 120 + 130 mm (Verbreiterung) Eisenfelge mit aufgesetzter Führungsschiene von 80 mm Höhe;
hinten: 1050 mm Durchmesser × 300 + 200 mm (Verbreiterung) Eisenfelge mit je 12 Stück 80 mm hohen, unter 45° aufgenieteten L-Greifern.

Fahrgestellfederung

nur auf der Vorderachse durch 2 zylindrische Schraubenfedern.

Größter Federungsweg: 32 mm. Vorspannung der Feder 10 mm.

Größte Schränkung der Vorderachse zur Hinterachse 11,5 Grad, entsprechend 240 mm Anhub eines Vorderrades auf ebenem Boden.

Beim Pflügen fährt der Schlepper neben der Furche.

Der vom Auflagepunkt der Räder gegen die Horizontale ansteigende Schenkel eines Winkels von 20° schneidet vor den Vorderrädern und hinter den Hinterrädern keinen Teil des Schleppers.

Triebwerk:

Kupplung: geölte Lamellenkupplung mit 4 treibenden und 5 getriebenen Lamellen. Die treibenden Lamellen sind aus Gußeisen, die getriebenen aus hartem Stahl.

$$\text{Flächenbelastung} = \frac{\text{Umfangskraft U}}{\text{treibende Lamellenfläche F}}$$

$$\frac{U}{F} = 0{,}1$$

Wechselgetriebe.

Anordnung und Übersetzungen siehe Abb. 31.

3 Vorwärtsgänge und 1 Rückwärtsgang.

Doppeltes Stirnradvorgelege hinter dem Wechselgetriebe, anschließend Kegelräderpaar. Das Tellerrad sitzt auf dem sperrbaren Differential der Hinterachse.

Belastungswert c der Zahnräder bei voller Motorleistung in der Beziehung für den Zahndruck $P = c \cdot b \cdot t$,

im Schaltgetriebe:

1. Gang $c_1 = 250$
2. Gang $c_2 = 160$

im doppelten Stirnradvorgelege:

1. Gang $c_1 = 385/510$
2. Gang $c_2 = 190/255$
3. Gang $c_3 = 100/130$

im Kegelräderpaar:

$c_1 = 640$
$c_2 = 320$
$c_3 = 165$

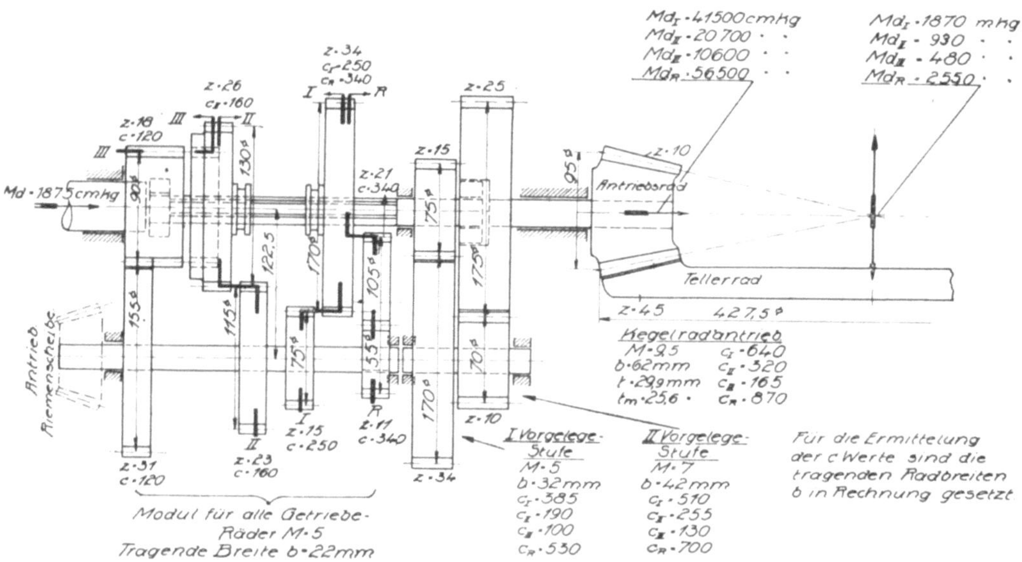

Übersetzungen

Schaltgang	Getriebe	Stirnrädervorgelege	Hinterachse	Gesamt
I.	18/31 × 15/34 = 1:3,9	15/34 × 10/25 = 1:5,67	10/45 = 1:4,5	1:99,5
II	18/31 × 23/26 = 1:1,95	" " 1:5,67	" 1:4,5	1:49,6
III	1:1	" " 1:5,67	" 1:4,5	1:25,5
R	18/31 × 11/34 = 1:5,32	" " 1:5,67	" 1:4,5	1:135,7

Abb. 31. **Triebwerk des W.D.-Schleppers.**

Motor:

4 Zylinder, 95 mm Bohrung, 150 mm Hub, gesamtes Hubvolumen $H = 4253$ cm³, Verdichtungsgrad 4,5:1.

Ventile hängend im abnehmbaren Zylinderkopf,
innerer Ventildurchmesser . . . 40 mm
größter Ventilhub . . . . 8,3 mm

Steuerungszeiten:

Einlaß öffnet 12° n. o. T., schließt 46° n. u. T.
Auslaß öffnet 33° v. u. T., schließt 10° n. o. T.

Vergaser:

Vertikaler Grätzin-Doppelvergaser für Benzol und Zugolin. Durchmesser 35 mm mit Lufttrichter 30 mm Durchmesser.

Hauptdüse:

Benzolseite 125, Zugolinseite 115.

Ausgleichdüse:

Benzolseite 160, Zugolinseite 195, Leerlaufdüse (Benzol) 60.

L u f t r e i n i g e r :

Filtertrommel gefüllt mit ölbenetzten Metallringen: 50 mm hoch, 110 mm Durchmesser.

Luftvorwärmung am Abgasrohr und von Hand einstellbare Heizung des Saugrohres und des Zugolinvergasers durch Abgase.

Zündung: Magnetapparat Bosch, Type FF 4 mit Verstellung des Zündzeitpunktes von Hand.

Größte Vorzündung: 33° v. o. T., Zündkerzen: Bosch *r* 22 *d*.

Saugrohr und Abgassammelrohr liegen außerhalb des Zylinders.

Schmierung: Druckumlaufschmierung.

Die Drehzahl des Motors ist durch Regulator bei $n = 1125$ Umdr./Min. = 8,7 km/Std. Fahrgeschwindigkeit ohne Schlupf begrenzt.

Gesamte Übersetzung im Triebwerk zwischen Motor und den Hinterrädern und Fahrgeschwindigkeiten ohne Schlupf bei 1125 Motorumdr./Min.

1. Gang: $i_1 = 1 : 99{,}5$; $V = 2{,}2$ km/Std.
2. Gang: $i_2 = 1 : 49{,}6$; $V = 4{,}5$ km/Std.
3. Gang: $i_3 = 1 : 25{,}5$; $V = 8{,}7$ km/Std.
R. Gang: $i_R = 1 : 135{,}7$; $V = 1{,}6$ km/Std.

M o t o r l e i s t u n g u n d B r e n n s t o f f a u s n u t z u n g i m M o t o r .

Wie Abb. 32 zeigt, beträgt die Höchstleistung:

31,3 PS mit Zugolin bei 1235 Umdr./Min. } ohne Regulator
30,1 PS mit Benzol bei 1230 Umdr./Min. }
29 PS mit Zugolin bei 1100 Umdr./Min.
28 PS mit Benzol bei 1100 Umdr./Min.

Ein Vergleichsversuch mit und ohne Luftreiniger in der Ansaugleitung ergibt den in Abb. 32 eingetragenen Unterschied. Mit Luftfilter war die Leistung bis zu 1,55 PS oder 6 % höher. Die Mehrleistung bei vorgeschaltetem Luftreiniger ist eine Folge des höheren Unterdruckes an der Brennstoffdüse im Vergaser. Hierdurch wird bei geringerer Luftmenge mehr Brennstoff zugeführt, d. h. das Gemisch reicher. Die Literleistung beträgt bei $n = 1000$ Umdr./Min. 6,3 PS.

Der Motor verbraucht nach Abb. 32 je PS Stunde bei höchster Motorleistung: 313 Gramm Zugolin bzw. 298 Gramm Benzol, ent-

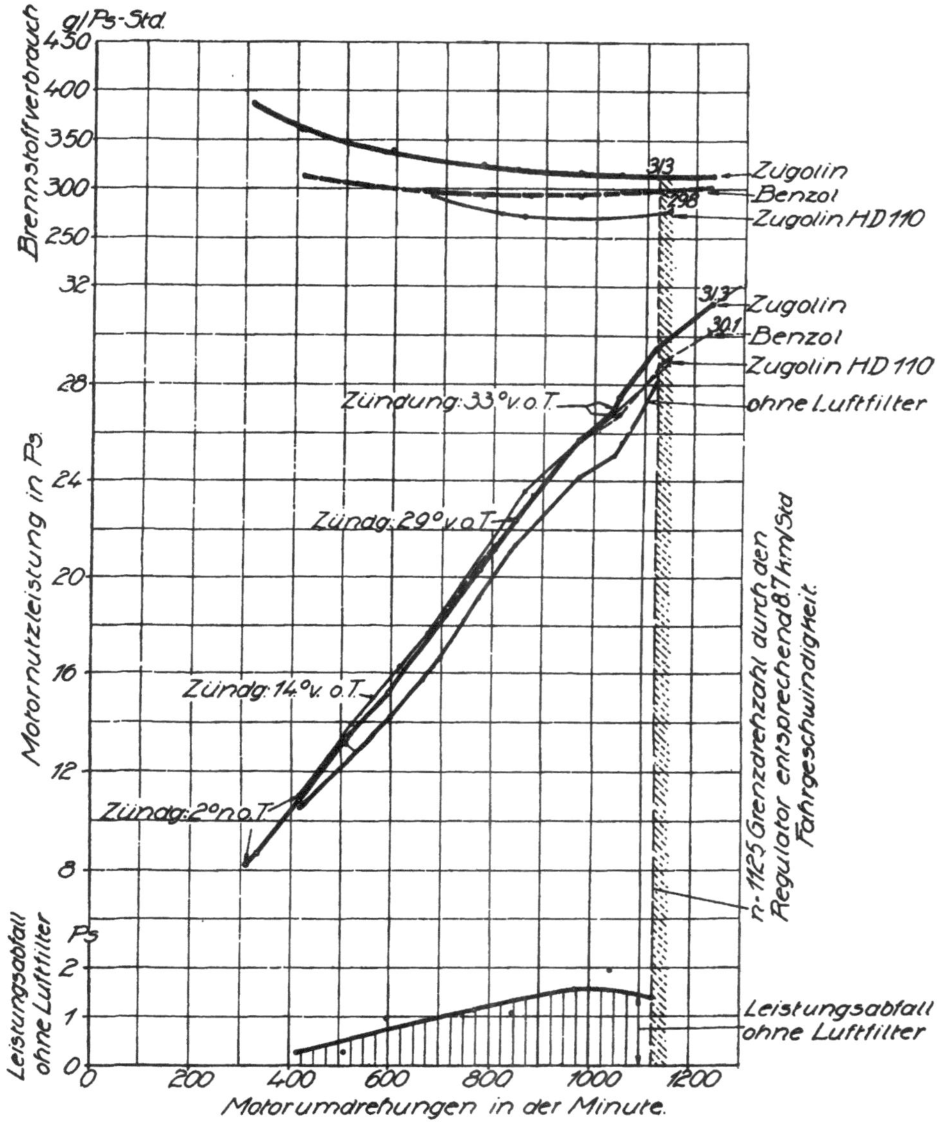

Abb. 32. Motornutzleistungen und Brennstoffverbrauch des W. D.-Schleppermotors.

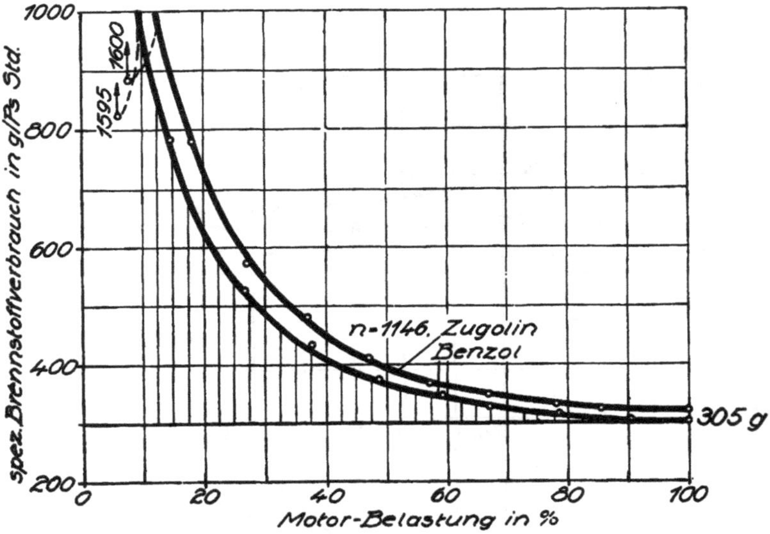

Abb. 33. Spezifischer Brennstoffverbrauch des W. D.-Schleppermotors bei Drosselleistungen.

sprechend 20,8 % bzw. 22,3 % Ausnutzung der im Brennstoff zugeführten Energie.

Abb. 33 kennzeichnet den Einfluß der Leistungsbelastung auf den Brennstoffverbrauch. Bei 50 % Motorbelastung steigt der Brennstoffverbrauch auf 365 bzw. 395 Gramm/PS Stunde Benzol bzw. Zugolin.

Der infolge Drosselung des Motors entstehende Mehrverbrauch ist durch Schraffur hervorgehoben.

Verlustfreie Zugleistungen und verlustfreie Zugkräfte.

Abb. 34 zeigt die mit der Wagenmoment-Methode gemessenen verlustfreien Zugleistungen mit den Höchstwerten:

25 PS bei 4,2 km/Std. Fahrgeschwindigkeit ohne Schlupf und 2. Gang;

27 PS bei 8,9 km/Std. Fahrgeschwindigkeit ohne Schlupf und 3. Gang.

Die entsprechenden verlustfreien Zugkräfte sind:

2400 kg beim 1. Gang,
1700 kg beim 2. Gang,
800 kg beim 3. Gang.

Bei den Werten 19,8 PS bzw. 2400 kg im 1. Gang wird die Vorderachse ganz entlastet, der Schlepper beginnt aufzubäumen.

Der stündliche Brennstoffverbrauch des vollbelasteten Schleppers beträgt laut Abb. 35

8,5 kg mit 3. Schaltgang bei V = 8 km/Std.
8,4 kg mit 2. Schaltgang bei V = 4 km/Std.

Triebwerksverluste.

Die Triebwerksverluste (Abb. 36) zwischen dem Motorschwungrad und den Hinterradnaben (Ventilationsverluste der Kupplung, Verluste im Schaltgetriebe, Hinterachsvorgelege, Hinterachskegeltrieb und in der Hinterachslagerung) betragen beim 2. und 3. Gang 2,3 PS bzw. 3,4 PS bei voller Motorleistung und 1100 Umdr./Min., entsprechend einem mechanischen Wirkungsgrad des Triebwerkes von

95 bis 92,2 % beim 2. Gang und
88,8 bis 88 % beim 3. Gang.

Rollverluste.

Die Rollverluste (Abb. 37) der für Straßenfahrt gummibereiften Triebräder betragen beim 3. Gang für alle Leistungsbelastungen ziemlich einheitlich 13 % der Radnabenleistungen (verlustfreien Zugleistungen).

Der entsprechende Rollwiderstand (Abb. 38) beträgt 104 kg bei V = 8 km/Std. und 800 kg verlustfreier Zugkraft.

Schlupf der Triebräder.

Abb. 39 zeigt den Schlupf der gummibereiften Triebräder auf der Fahrbahn in Abhängigkeit von den verlustfreien Zugkräften. Beim 3. Gang werden verlustfreie Zugkräfte bis 830 kg bei 6 % Schlupf, beim 2. Gang bis 1700 kg bei 17 % Schlupf übertragen.

Vorder- und Hinterachsdrücke.

Die statische Druckverteilung auf die Vorderachse und Hinterachse ändert sich mit der Leistungsbelastung des Schleppers. Mit zunehmender Antriebsleistung nimmt der Vorderachsdruck ab, der Hinterachsdruck zu. Bei Schleppern mit Antrieb der Hinterräder ist diese Druckverlagerung auf die Hinterachse ein Vorteil, weil dadurch das Adhäsionsgewicht und Haftvermögen der Triebräder erhöht und gleichzeitig der Rollwiderstand der Vorderräder vermindert wird. Abb. 40 zeigt die Zunahme des Hinterachsdruckes im Bereich aller Schaltgänge.

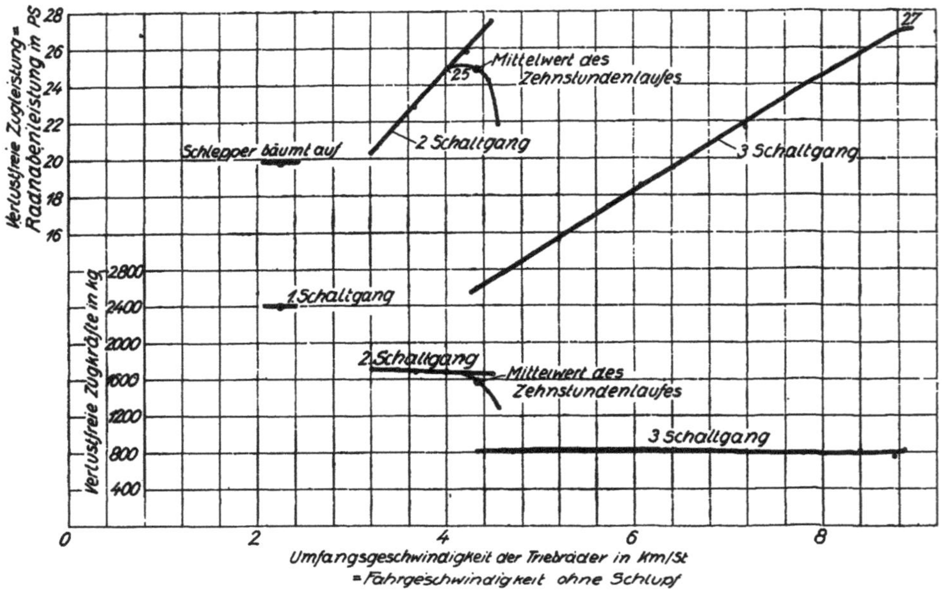

Abb. 34. Verlustfreie Zugleistungen und Zugkräfte des W. D.-Schleppers.

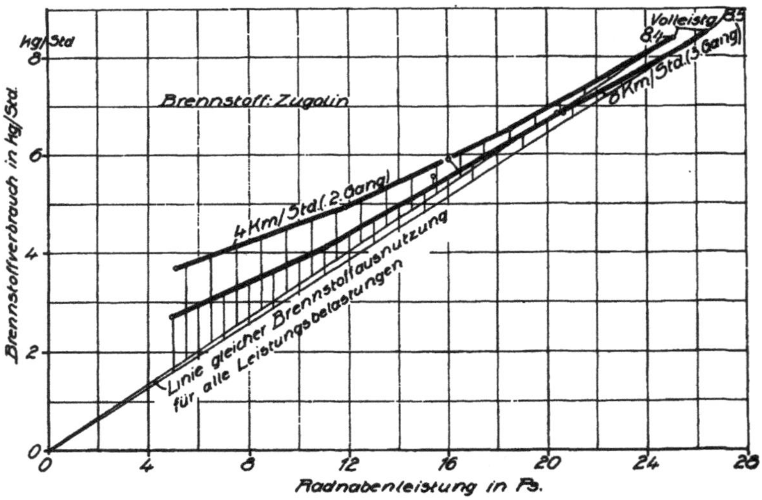

Abb. 35. Stündlicher Brennstoffverbrauch des W. D.-Schleppers.

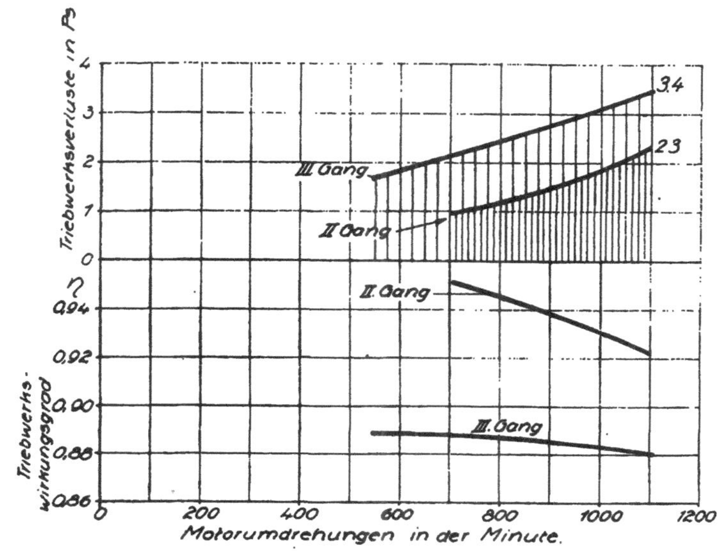

Abb. 36. Triebwerkverluste und Triebwerkwirkungsgrade des W. D.-Schleppers.

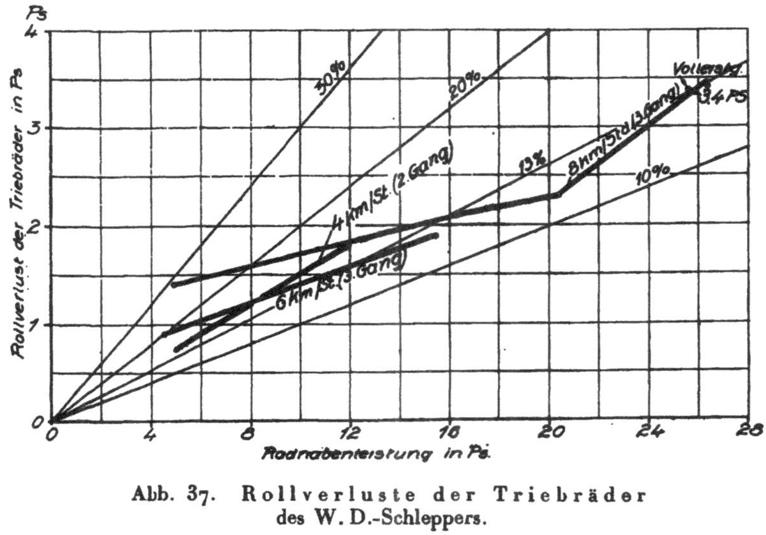

Abb. 37. Rollverluste der Triebräder des W. D.-Schleppers.

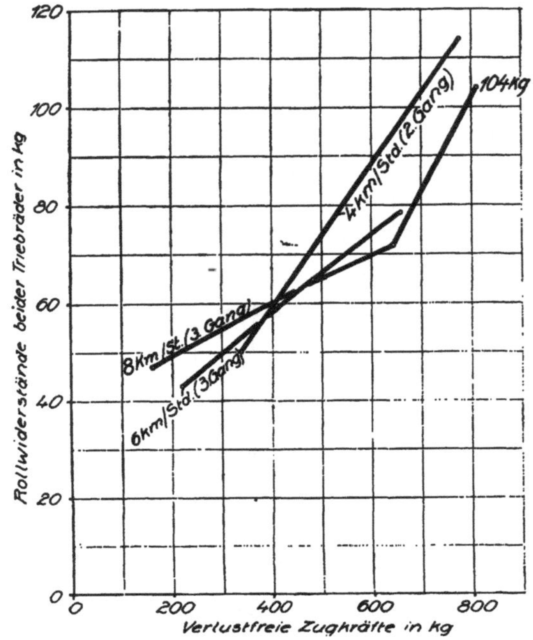

Abb. 38. Rollwiderstände der Triebräder des W. D.-Schleppers.

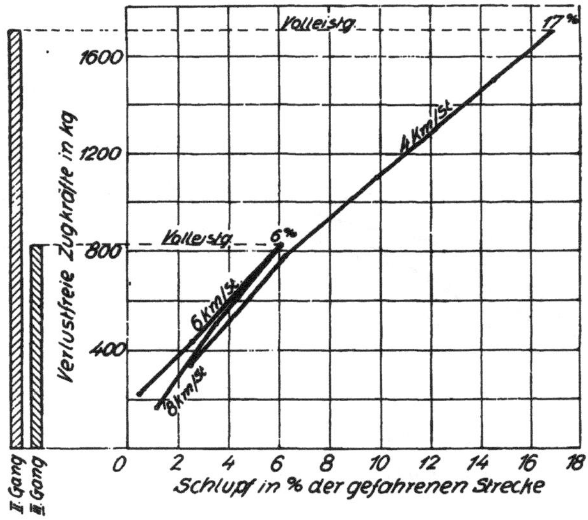

Abb. 39. Schlupf der Triebräder des W. D.-Schleppers.

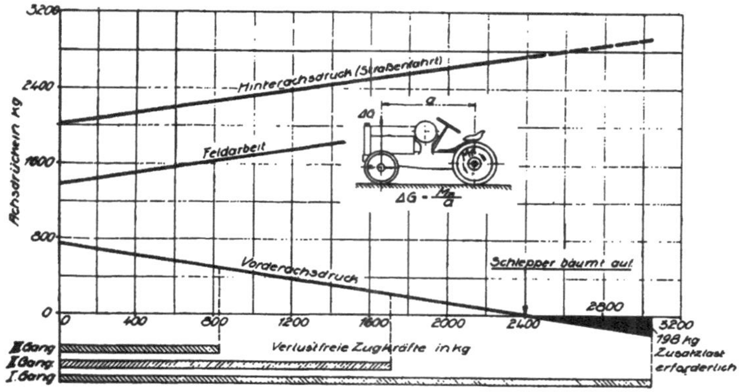

Abb. 40. Vorder- und Hinterachsdrücke des W. D.-Schleppers.

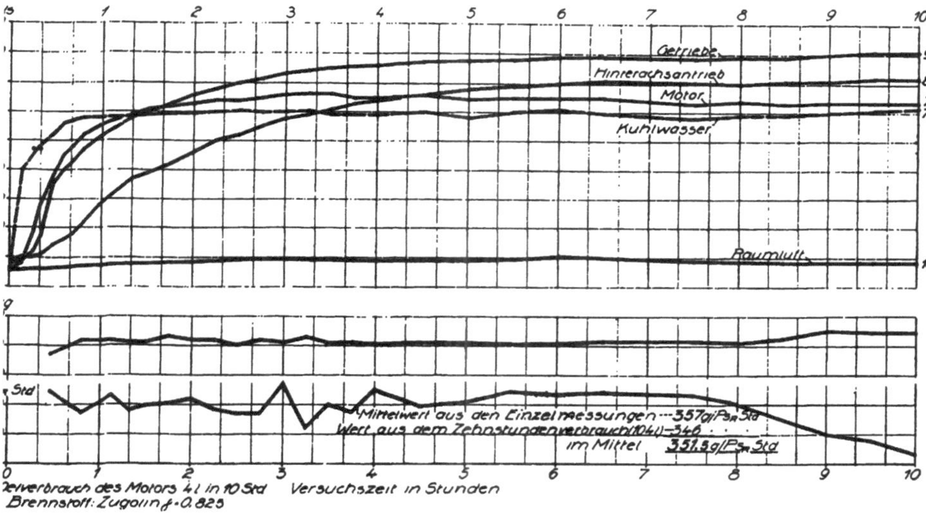

bb. 41. Zehnstündiger Dauerlauf des W. D.-Schleppers mit Volleistung beim 2. Schaltgang und $V = 4$ km/Std.

In Abb. 41 sind die Meßwerte des zehnstündigen Dauerlaufes mit 2. Gang und V = 4 km/Std. und Volleistung zusammengestellt. Das Drehmoment an den Triebradnaben war im Mittel 830 mkg, und in den beiden letzten Stunden am höchsten, ein Beweis dafür, daß der Zustand des Motors im 10-Stundenlauf sich nicht verschlechtert hat, und daß der Motor frei von thermischen und dynamischen Überbeanspruchungen ist.

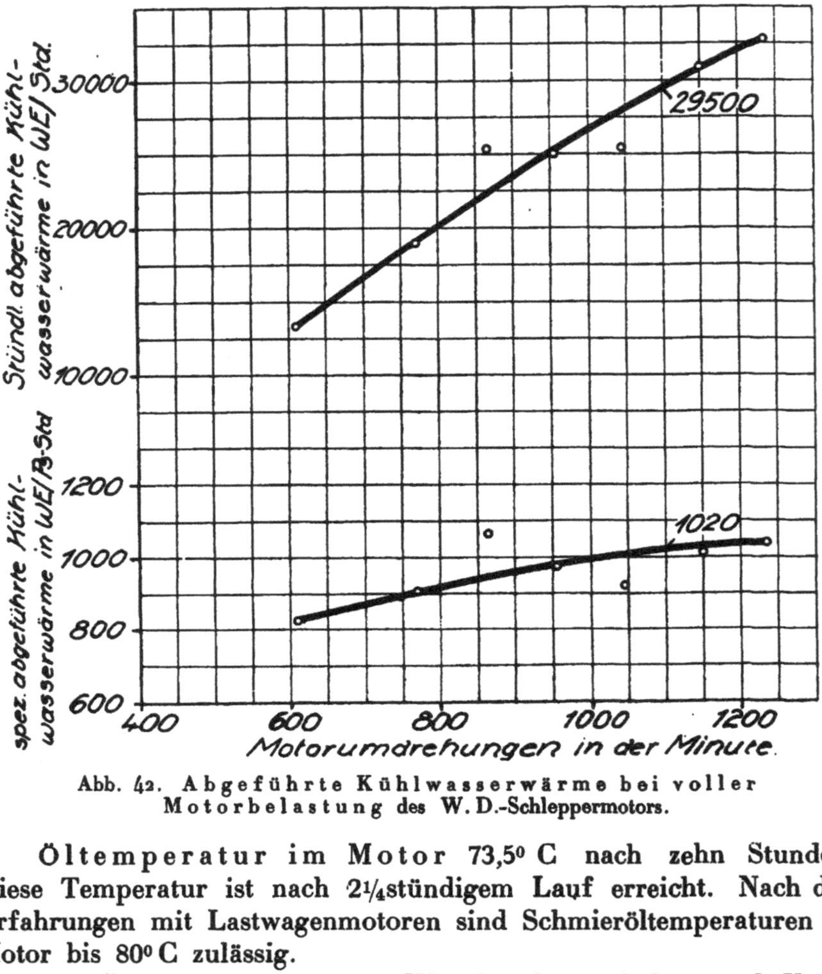

Abb. 42. Abgeführte Kühlwasserwärme bei voller Motorbelastung des W. D.-Schleppermotors.

Öltemperatur im Motor 73,5° C nach zehn Stunden. Diese Temperatur ist nach 2¼stündigem Lauf erreicht. Nach den Erfahrungen mit Lastwagenmotoren sind Schmieröltemperaturen im Motor bis 80° C zulässig.

Die Öltemperatur im Wechselgetriebe und Vorgelege (Abb. 41) erreichte nach 2½ Stunden 80° C und stieg bis zum Schlusse des zehnstündigen Laufes auf 91° C als Höchstwert.

Die Öltemperatur der Kegelräderübersetzung des Hinterachsantriebes hielt sich nach 6 Stunden Laufzeit auf 80° C.

Die Kühlwassertemperatur betrug 71,5° C am Schluß des 10-Stundenlaufes. Am Ende der zweiten Stunde waren 70° C erreicht.

Die Kühlwasserwärme (Abb. 42) beträgt 29 500 WE/Std. bei V = 4 km/Std. und Volleistung und 1100 Motorumdrehungen pro Minute. Die Kühlwasserwärme je PS beträgt dabei 1020 WE/PS Std.

Pöhl-Ackerbaumaschine

der Firma Pöhl-Werke, Gößnitz i. Sa.

Bauart (Abb. 43 und 44).

Zweiachsiger Vierradschlepper mit Antrieb der beiden Hinterräder.

Motor, Getriebe und Hinterradlagerung sind getrennte Aggregate in einem Rahmen mit Längsholmen aus normalen U-Trägern. Die Achszapfen der Hinterräder sind gekröpft und an den Längsholmen des Rahmens für Höheneinstellung der Hinterräder in Konsolen drehbar gelagert.

Gewichte des Schleppers.

	für Straßenzug mit 16 Belastungsgewichten	für Feldarbeit
Schlepper, trocken	2833 kg	2045 kg
Wasser	26 „	26 „
Schmieröl im Motor	10 „	10 „
Schmieröl im Getriebe und Differential	20 „	20 „
Brennstoff im gefüllten Tank	66 „	66 „
Zusammen:	2955 kg	2167 kg
Vorderachsdruck im Stillstand	935 kg	885 kg
Hinterachsdruck im Stillstand	2020 „	1282 „

Auflagefläche der gummibereiften Räder:

Fläche vorn 94,4 cm², hinten 260 cm²
größte Breite vorn 44 mm, hinten 115 mm
größte Länge vorn 156 mm, hinten 210 mm
Spez. Auflagedruck der gummibereiften Räder vorn 9,9 kg/cm², hinten 7,8 kg/cm².

Einzelgewichte:

Motor, trocken	420 kg
Vollständige Vorderachse mit Vorderrädern und Gummibereifung	233 „

Abb. 43. Pöhl-Ackerbaumaschine.

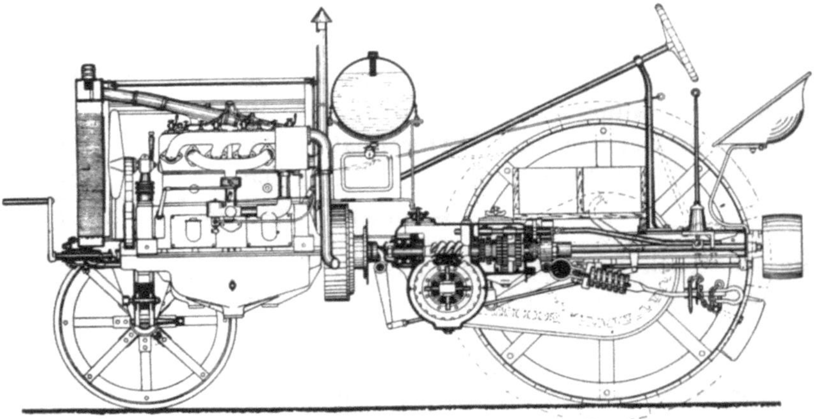

Abb. 44. Längsschnitt der Pöhl-Ackerbaumaschine.

Ein Hinterrad mit Gummibereifung und acht Belastungsgewichten (zu je 26,5 kg)	666 kg
Ein Hinterrad mit Radverbreiterung und zwölf Greifern (zu je 5 kg)	297 „
Ein Vorderrad mit Gummibereifung	86 „
Ein Vorderrad für Feldarbeit	111 „

Achsabstand . . . . 2100 mm

Spurweite:

bei Gummibereifung vorn . . . . 1400 „

„ „ hinten . . . . 1220 „

Lenkung:

Offene Schnecke am rechten Lenkzapfen. Gesamtes Übersetzungsverhältnis (Laufradausschlag: Handradausschlag) . . . . $\frac{65^0}{2070^0} = 1:31,8$

Kleinster äußerer Wenderadius (äußeres Vorderrad) 4,35 m

Kleinster innerer Wenderadius (inneres Hinterrad) 2,5 „

Bodenfreiheit der Maschine:

bei Straßenfahrt . . . . 380 mm

auf dem Acker . . . . 290 „

Durchmesser, Breite und Bereifung der Laufräder.

a) für Straßenfahrt:

vorn: Vollgummi Calmon 950 × 100 mm einfach;

hinten: Vollgummi Peters Union einfach, in je vier Segmenten 850 × 160 × 670 mm mit geradem Stoß auf die Radfelgen aufgeschraubt.

Außendurchmesser 1515 mm
Vorderfelge 800 × 120 mm
Hinterfelge 1300 × 185 mm

b) für Feldarbeit:

vorn: 800 mm Durchmesser × 120 mm + 90 mm Radverbreiterung. Eisenfelge mit aufgesetztem Führungssteg von 80 mm Höhe;

hinten: 1300 mm Durchmesser × 185 mm + 95 mm Radverbreiterung. Eisenfelge mit je 12 Stück 140 mm hohen, unter 45 Grad aufgenieteten L-Greifern.

Fahrgestellfederung:

nur auf der Vorderachse durch eine Blattfeder über der Achse. Größter Federungsweg 20 mm. Vorspannung der Feder 25 mm.

Größte Schränkung der Vorderachse zur Hinterachse 13° entsprechend 315 mm Anhub eines Vorderrades auf ebenem Boden.

Beim Pflügen fährt der Schlepper mit einem Vorderrad und einem Hinterrad in der Furche und lenkt selbsttätig am Furchen-

Abb. 45. Selbstführung des Pöhl-Schleppers am Furchenrand.

rand (Abb. 45). Das in der Furche laufende Hinterrad kann mittels Spindelverstellung bis zu 170 mm gegenüber dem anderen Hinterrade tiefer gestellt werden. Das Differential ist sperrbar.

Der vom Auflagepunkt der Räder gegen die Horizontale ansteigende Schenkel eines Winkels von 20° schneidet vor den Vorderrädern und hinter den Hinterrädern keinen Teil des Schleppers.

Triebwerk.

Kupplung: Konuskupplung mit Ferodobelag von 380 mm äußerem Durchmesser. Flächenbelastung $\frac{U}{F} = 0{,}09$.

Wechselgetriebe und Hinterradantrieb:

Anordnung und Übersetzungsverhältnisse siehe Abb. 44 und 46. Das Getriebe hat 3 Vorwärtsgänge und 1 Rückwärtsgang. Die quer zur Motorachse gelagerte Differentialwelle wird durch ein Schneckenvorgelege mit obenliegender Schnecke (Abb. 47) angetrieben und trägt auf den äußeren Enden die Zahnritzel für den Kettenantrieb der Hinterräder.

Die gehärtete Stahlschnecke ist dreigängig und hat 113 mm Steigung, 91 mm Außendurchmesser, 50 mm Grunddurchmesser, 65° Zahnflankenwinkel.

Das Schneckenrad ist aus Phosphorbronze mit einer Brinellhärte von 101 kg/mm² und hat 23 Zähne, 37,7 mm Stirnteilung, 294 mm Außendurchmesser auf Mitte Rad, 75 mm tragende achsiale Zahnbreite.

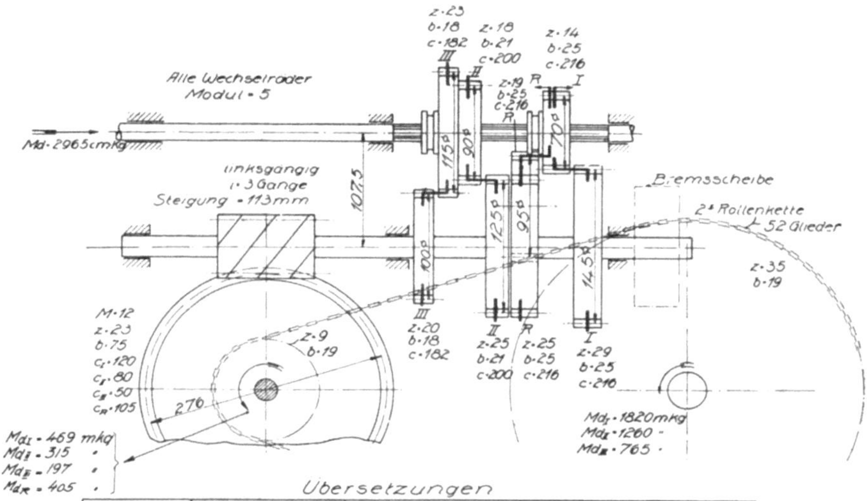

Übersetzungen

Schaltgang	Getriebe	Schneckenvorgelege	Hinterachse (Kette)	Gesamt
I	14/29 = 1 : 2,07	3/23 = 1 : 7,67	9/35 = 1 : 3,89	1 : 61,76
II	18/25 = 1 : 1,39	· = 1 : 7,67	· = 1 : 3,89	1 : 41,42
III	23/20 = 1 : 0,87	· = 1 : 7,67	· = 1 : 3,89	1 : 25,93
R	14/19 × 19/25 = 1 : 1,79	· = 1 : 7,67	· = 1 : 3,89	1 : 53,2

Für die Ermittelung der c Werte sind die tragenden Radbreiten b in Rechnung gestellt

Abb. 46. Triebwerk des Pöhl-Schleppers.

Abb. 47. Schneckenvorgelege des Pöhl-Schleppers.

Die Belastungswerte c der Pöhl-Getrieberäder bei voller Motorleistung in der Beziehung $P = c \cdot b \cdot t$ sind nach Abb. 46:

im Schaltgetriebe:

1. Gang $c_1 = 216$,
2. Gang $c_2 = 200$,
3. Gang $c_3 = 182$;

im Schneckenvorgelege:

$c_1 = 120$,
$c_2 = 80$,
$c_3 = 50$.

Motor:

Vierzylinder, 110 mm Bohrung, 160 mm Hub, gesamtes Hubvolumen $H = 6080$ cm³.
Verdichtungsgrad: 5,1 : 1
Ventile stehend auf der linken Motorseite
Innerer Ventildurchmesser 44 mm. Größter Ventilhub: 10 mm.
Steuerungszeiten:

Einlaß öffnet 25° n. o. T., schließt 31° n. u. T.
Auslaß öffnet 40° v. u. T., schließt 12,5° n. o. T.

Vergaser:

Vertikaler Zenith-Vergaser Type D E F 42.
Durchmesser 42 mm mit Lufttrichter von 25 mm Durchmesser, Hauptdüse 95, Ausgleichdüse 125; Leerlaufdüse 42.

Luftreiniger:

Ein besonderer Luftreiniger ist nicht vorgesehen. Durch einen senkrechten Saugrohraufsatz liegt der Lufteintritt 1,84 m und mit einem Verlängerungsrohr 2,66 m über dem Erdboden.

Die Luft wird am Abgasrohr in einer Manschette vorgewärmt.

Zündung: Magnetapparat Bosch Type Z R 4 ohne besondere Verstellung des Zündzeitpunktes (Abschnappkupplung). Zündkerzen: Bosch Type rd.

Die Kerzen sitzen in den Ventilkappen. Saugrohr und Auspuffrohr liegen außerhalb des Zylinderblockes. Das Saugrohr ist nicht geheizt. Die Drehzahl des Motors ist durch Regulator begrenzt.

Gesamte Übersetzung im Triebwerk zwischen Motor und den Hinterrädern und Fahrgeschwindigkeiten ohne Schlupf bei 910 Motorumdrehungen/Min.:

1. Gang: $i_1 = 1 : 61{,}76$; $V = 4{,}3$ km/Std.
2. Gang: $i_2 = 1 : 41{,}42$; $V = 6{,}2$ km/Std.
3. Gang: $i_3 = 1 : 25{,}93$; $V = 10$ km/Std.

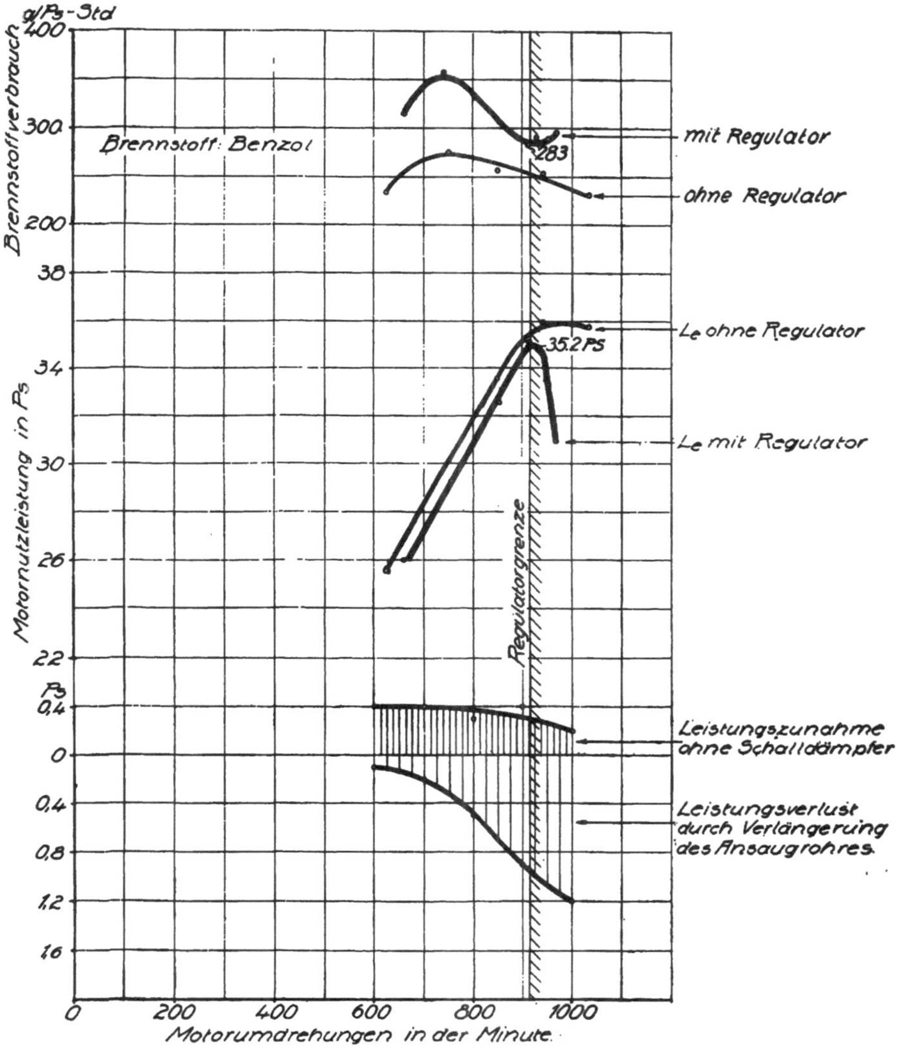

Abb. 48. Motornutzleistung und Brennstoffverbrauch des Pöhl-Schleppermotors.
(Ohne Ansaugrohrverlängerung, mit Schalldämpfer.)

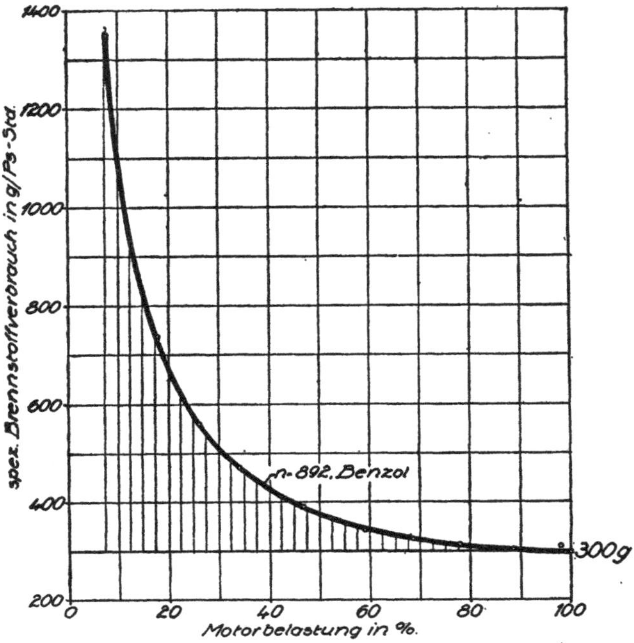

Abb. 49. Spezifischer Brennstoffverbrauch des Pöhl-Schleppermotors bei Drosselleistungen.

Motorleistung und Brennstoffausnutzung im Motor.

Nach Abb. 48 beträgt die Höchstleistung des Motors mit Benzol 35,2 PS bei 910 Umdrehungen in der Minute mit Schalldämpfer aber ohne Saugrohrverlängerung. Die Drehzahl ist durch Regulator bei 910 Umdr./Min. begrenzt.

Durch den Schalldämpfer gehen bis zu 0,4 PS entsprechend 1,6 % Leistung verloren.

Der zur Verminderung des Staubeintrittes vorgesehene Saugrohraufsatz hat einen Leistungsverlust bis 1,2 PS entsprechend 3,4 % zur Folge.

Der Brennstoffverbrauch (Abb. 48) beträgt 283 Gramm/PS Std. bei Höchstleistung des Motors entsprechend 23,5 % Ausnutzung der im Brennstoff zugeführten Energie.

Bei Teilbelastungen des Motors steigt der Brennstoffverbrauch um den in Abb. 49 schraffierten Betrag, z. B. auf 375 Gramm/PS Std. bei 50 % Motorbelastung.

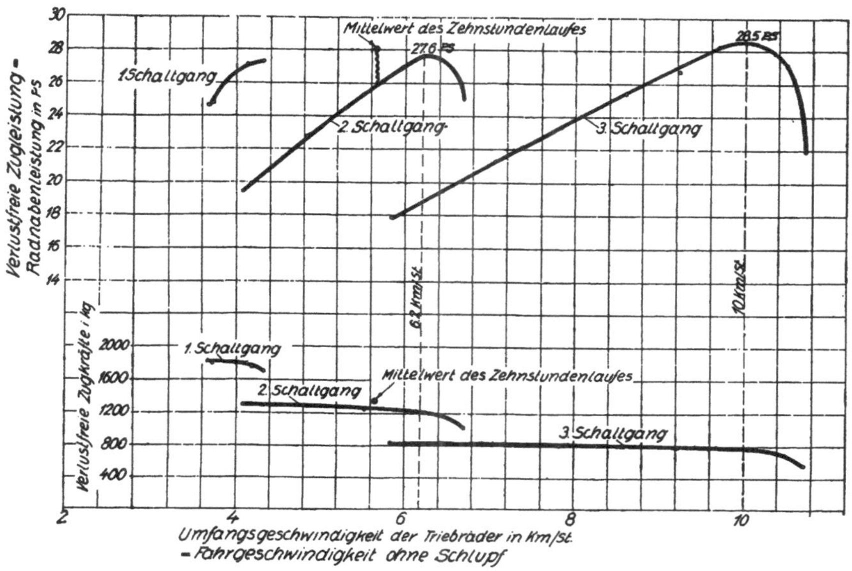

Abb. 50. Verlustfreie Zugleistungen und Zugkräfte des Pöhl-Schleppers.

Verlustfreie Zugleistungen und Zugkräfte.

Wie Abb. 50 zeigt, leistet der Pöhlschlepper an den Radnaben als verlustfreie Zugleistungen:

28,5 PS bei 10 km/Std. Fahrgeschwindigkeit ohne Schlupf und 3. Gang;

27,6 PS bei 6,2 km/Std. Fahrgeschwindigkeit ohne Schlupf und 2. Gang.

Die entsprechenden „verlustfreien“ Zugkräfte sind:

800 kg beim 3. Gang,
1200 kg beim 2. Gang,
1800 kg beim 1. Gang.

Der stündliche Brennstoffverbrauch des vollbelasteten Schleppers beträgt laut Abb. 51.

9,0 kg im 3. Schaltgang und bei $V = 8,5$ km/Std mit Schlupf.
9,2 kg im 2. Schaltgang und bei $V = 5,9$ km/Std. mit Schlupf.

Mit abnehmender Leistungsbelastung (Drosselung) des Schleppers vermindert sich die Brennstoffausnutzung um die in Abb. 51 schraffierten Beträge.

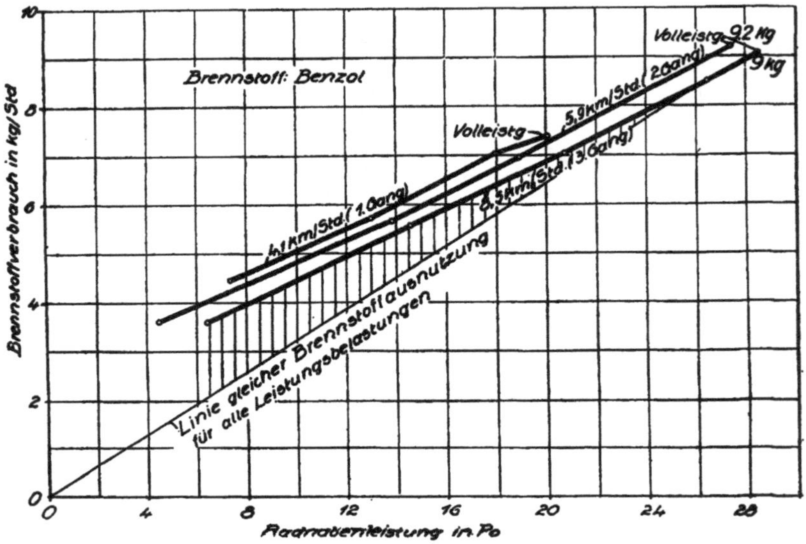

Abb. 51. Stündlicher Brennstoffverbrauch des Pöhl-Schleppers.

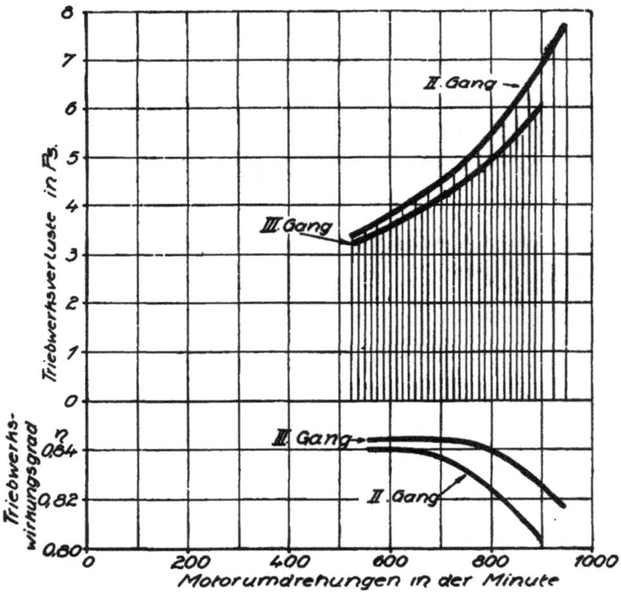

Abb. 52. Triebwerksverluste und Triebwerkswirkungsgrade des Pöhl-Schleppers.

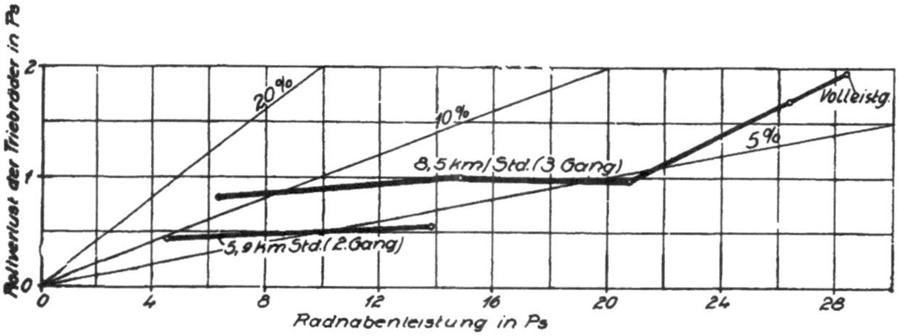

Abb. 53. Rollverluste der Triebräder des Pöhl-Schleppers.

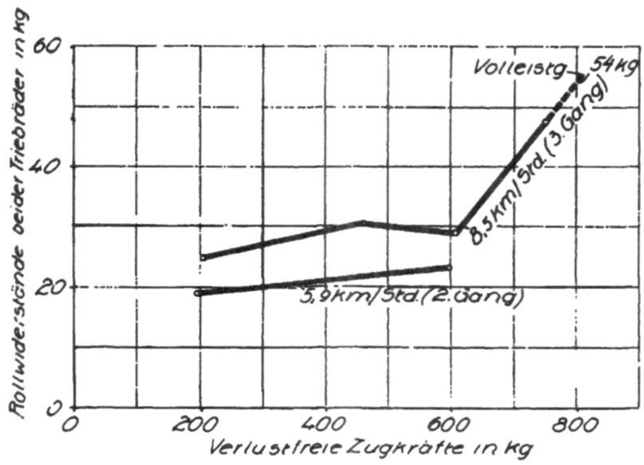

Abb. 54. Rollwiderstände der Triebräder des Pöhl-Schleppers.

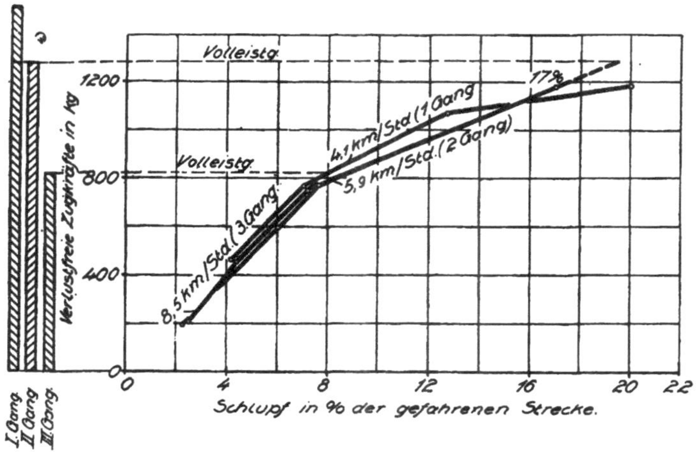

Abb. 55. Schlupf der Triebräder des Pöhl-Schleppers.

Triebwerksverluste (Abb. 52).

Die Triebwerksverluste zwischen dem Motorschwungrad und den Hinterradnaben betragen bei voller Motorleistung und 800 Umdr./Min.:

im 3. Gang 5,0 PS und im 2 Gang 5,5 PS

Der mechanische Wirkungsgrad des Triebwerkes liegt

zwischen 80 bis 84 % beim 2. Gang und 82 bis 84,5 % beim 3. Gang.

Rollverluste.

In Abb. 53 sind die Rollverluste der gummibereiften Räder bei 5,9 und 8,5 km/Std. Fahrgeschwindigkeit in Abhängigkeit von den verlustfreien Zugleistungen (Radnabenleistungen) aufgetragen. Sie betragen:

1 bis 2 PS entsprechend 7 % in der oberen Hälfte der Radnabenleistungen.

Bei den kleineren Leistungen liegen die Rollverluste zwischen 0,5 und 1 PS.

Abb. 54 zeigt die Rollwiderstände der gummibereiften Räder bei verschiedenen Zugkräften.

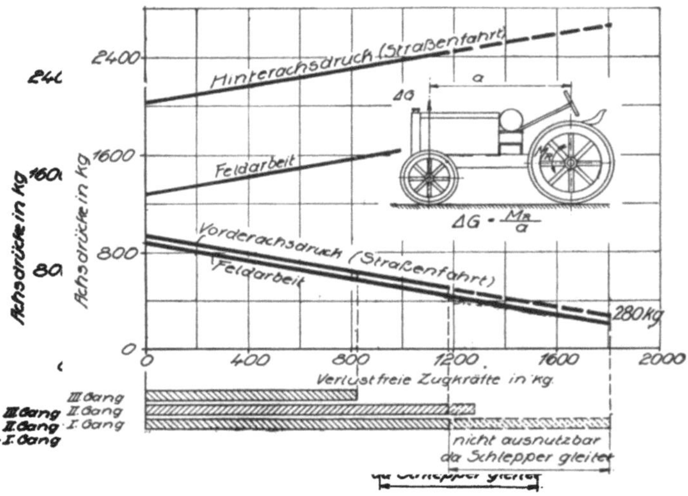

Abb. 56. Vorder- und Hinterachsdrücke des Pöhl-Schleppers.

Schlupf der Triebräder.

In Abb. 55 ist der Schlupf der gummibereiften Triebräder auf der Fahrbahn bei verschiedenen Zugkräften dargestellt.

Im Bereich des 3. Ganges erreicht der Schlupf 8 %, im 2. Gang 17 %.

Hiermit ist die obere Schlupfgrenze erreicht, bei deren Überschreitung die Räder zu mahlen beginnen.

Vorder- und Hinterachsdrücke.

Abb. 56 gibt einen Überblick über die Druckverteilung, insbesondere die Belastungszunahme der Hinterräder mit zunehmender Leistungsbelastung.

Bei der größtmöglichen Leistungsbelastung (1. Gang und Vollleistung) bleibt die Vorderachse noch mit 280 kg belastet.

Werte aus dem zehnstündigen Dauerlauf.

Abb. 57 zeigt die Meßwerte des zehnstündigen Dauerlaufes mit 2. Schaltgang, 5,9 km/Std. Fahrgeschwindigkeit und Volleistung.

Das Drehmoment an den Triebradnaben war im Mittel 1020 mkg und von der 4. Stunde ab bis zum Schluß des Zehnstundenlaufes konstant.

Der Brennstoffverbrauch je PS Radnabenleistung und Stunde war 308 Gramm im Mittel. Der Verbrauch war zu Beginn des Versuches mit 328 Gramm/PS Std. am höchsten und sank mit zunehmender Betriebserwärmung (vgl. Abfall der Verbrauchskurve bei Anstieg der Temperaturen in Abb. 57).

Bei voller Betriebserwärmung gegen Ende der 2. Stunde hält sich der Brennstoffverbrauch bis zum Schluß auf 296 bis 300 Gramm.

Die Öltemperatur im Motor hat 71,5° C als Höchstwert erreicht und ist damit in den zulässigen Grenzen geblieben.

Die Öltemperatur im Getriebe hatte nach 1 Stunde und 40 Minuten Laufzeit bereits 100° C überschritten. Das Getriebe wurde von 1 Stunde 40 Minuten bis zur 8. Stunde durch 2 Ventilatoren kräftig belüftet und auf einer Temperatur von 92 bis 100° C gehalten. In den beiden letzten Stunden wurden die Belüftungsventilatoren abgestellt. Die Temperatur stieg dann in 2 Stunden auf 124° C, ohne den Beharrungszustand erreicht zu haben (Abb. 57).

Die Lager und Zahnräder des Wechselgetriebes waren am Schlusse des Versuches in einwandfreiem Zustande.

Die Kühlwassertemperatur hat im Laufe des Zehnstundenlaufes 98° C bei 26° Raumtemperatur als Höchstwert erreicht (Abb. 57).

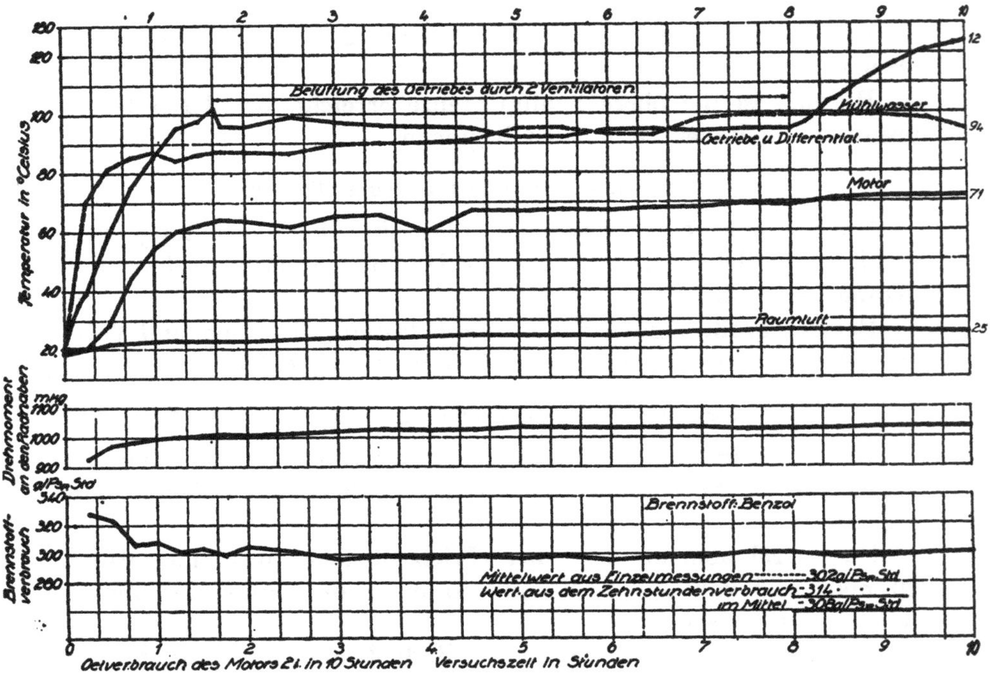

Abb. 57. **Zehnstündiger Dauerlauf** des Pöhl-Schleppers mit Volleistung beim 2. Schaltgang und $V = 5{,}9$ km/Std.

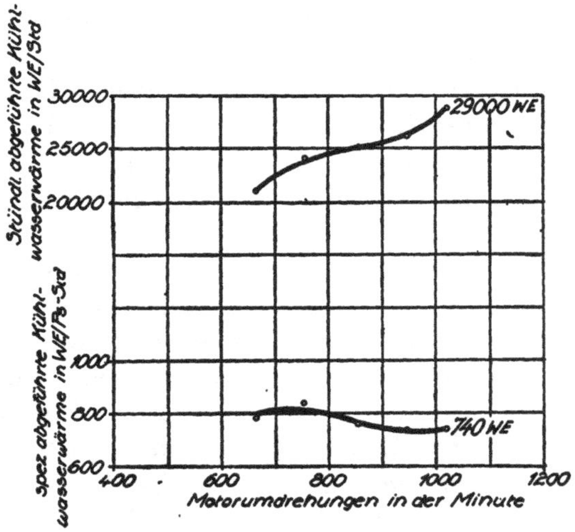

Abb. 58. **Abgeführte Kühlwasserwärme** des Pöhl-Schleppermotors bei voller Motorbelastung.

An Kühlwasserwärme des vollbelasteten Motors bei 910 Umdr./Min. sind, wie Abb. 58 zeigt, stündlich 26000 WE oder 740 WE/PS Std. abgeführt worden.

Lanz-Felddank-Schlepper

der Firma Heinrich Lanz, Maschinenfabrik, Mannheim.

Bauart (Abb. 59).

Zweiachsiger Vierradschlepper mit Antrieb der beiden Hinterräder.

Der Motor ist getrennt vom Getriebe auf einem Rahmen montiert, dessen Hauptbestandteile aus normalen Profileisen (U 16, U 14, U 12, L 12, L 6) hergestellt sind.

Abb. 59. Lanz-Felddank-Schlepper.

Gewichte des Schleppers.

	für Straßenzug	für Feldarbeit
Schlepper, trocken	4563 kg	4859 kg
Wasser	38 „	38 „
Schmieröl in der Ölpumpe	4 „	4 „
Schmieröl im Getriebe und Differential .	22 „	22 „
Brennstoff im vollen Tank	70 „	70 „
Zusammen:	4697 kg	4993 kg

Statische Achsdrücke, betriebsfertig:

	für Straßenzug	für Feldarbeit
Vorderachsdruck	1547 kg	1583 kg
Hinterachsdruck	3150 „	3410 „

Bodendruck der gummibereiften Räder:

Auflagefläche vorn 160,5 cm², hinten 328 cm²,
größte Flächenbreite vorn 57 mm, hinten 62 mm,
größte Flächenlänge vorn 196 mm, hinten 255 mm,
spez. Auflagedruck vorn 9,4 kg/cm², hinten 9,6 kg/cm².

Einzelgewichte:

Motor (trocken, ohne Kühler)	632 kg
Ein Kolben (ohne Ringe und Bolzen)	6,65 „
Ein Kolbenbolzen (mit Schraube)	1,22 „
Drei Kolbenringe	0,61 „
Ein Kolben, komplett	8,48 „
Eine Schubstange (mit Lagerschalen, ohne Kolbenbolzen)	8,77 „
Vollständige Vorderachse mit Vorderrädern und Gummibereifung	403 „
Ein Hinterrad mit Gummibereifung	623 „
Ein Hinterrad für Feldarbeit mit Radverbreiterung	585 „
Zwölf Greifer für ein Rad	168 „
Ein Vorderrad mit Gummibereifung	150 „
Ein Vorderrad für Feldarbeit	146 „
Radverbreiterung dazu	22 „
Achsabstand	2280 mm
Spurweite der gummibereiften Räder vorn . . .	1440 „
hinten . . .	1280 „

Lenkung:

Lenksäule mit Schnecke und Schneckenrad; gesamtes Übersetzungsverhältnis = Laufradausschlag:

Handradausschlag . . . . $\frac{66^0}{720^0} = 1:11$

Kleinster äußerer Wenderadius (äußeres Vorderrad)	4,8 m
Kleinster innerer Wenderadius (inneres Hinterrad)	2,8 „

Bodenfreiheit des Schleppers auf der Straße 265 mm (Bergstütze) bzw. 420 mm (Seiltrommel), auf dem Acker 200 mm bzw. 355 mm. Der vom Auflagepunkt der Räder gegen die Horizontale ansteigende Schenkel eines Winkels von 20° schneidet vor den

Vorderrädern und hinter den Hinterrädern keinen Teil des Schleppers.

Durchmesser, Breite und Bereifung der Laufräder.

a) für Straßenfahrt:

Felge: vorn 980 mm Durchmesser × 150 mm, hinten 1600 mm Durchmesser × 320 mm.

Reifen: vorn Continental-Vollgummi 1150 × 120 mm einfach, hinten 2 × 1740 × 120 mm Spezial-Vollgummireifen in 2 × 16 Stücken an den Stoßstellen mit der Felge verschraubt.

b) für Feldarbeit:

vorn: Eisenfelge 1000 mm Durchmesser × 160 mm (mit Verbreiterung 300 mm breit) mit L-Führungssteg 60 × 60 mm;

hinten: verbreiterte Eisenfelge 1600 mm Durchmesser × 600 mm mit 12 L-Greifern 150 hoch × 100 mm aufgeschraubt unter 45°.

Fahrgestellfederung:

Vorn: eine senkrechte Schraubenfeder auf der Mitte der Achse; größter Federungsweg 32 mm einschließlich Vorspannung.

Hinten: 2 Blattfedern längsseitig zum Rahmen.

Beim Durchfedern schwingt die Hinterachse um die Drehachse der in die Triebrad-Zahnkränze eingreifenden Ritzel.

Größter Federungsweg der Hinterachsfedern 22 mm einschließlich Vorspannung.

Größte Schränkung der Vorderachse zur Hinterachse 12° entsprechend 300 mm Anhub eines Vorderrades.

Die Laufräder haben Gleitlager mit innen und außen laufenden Bronzebüchsen.

Beim Pflügen fährt der Schlepper neben der Furche.

Bremsen:

Fußbremse: Getriebebremse mit Übersetzung 1 : 37,5.

Handbremse: Bandbremse (auf den Außenflächen der Zahnkränze der Hinterräder) mit Übersetzung 1 : 38.

Triebwerk:

Kupplung:

Bauart: Konuskupplung mit Ferodo-Asbestbelag.

Konusdurchmesser außen 500 mm, innen 480 mm, Konusbreite 70 mm.

Flächenbelastung $\frac{U}{F} = 0{,}18\ kg/cm^2$ bei einem Motordrehmoment von 4700 cmkg.

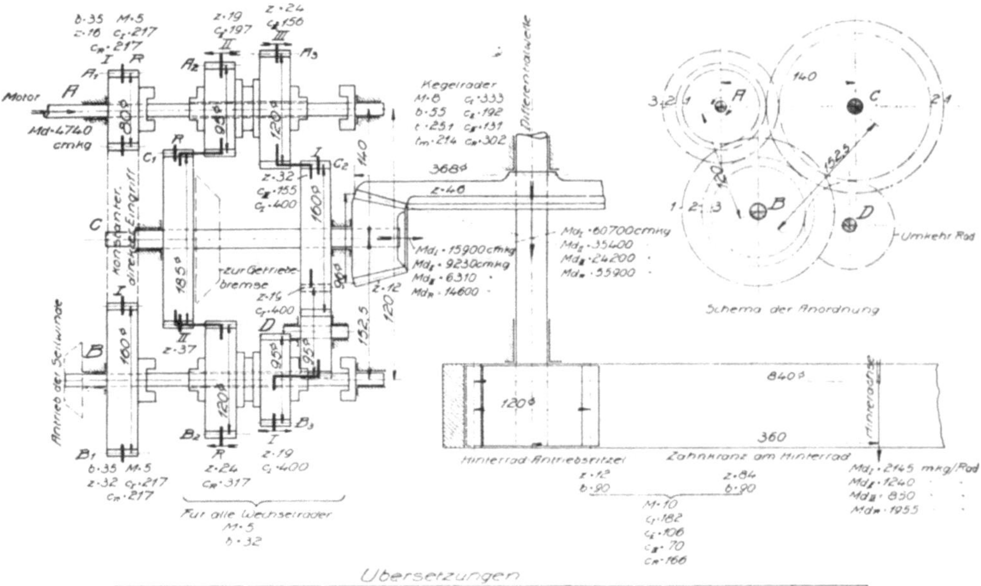

Übersetzungen

Schaltgang	Übertragen durch die Räder	Getriebe	Kegelräder-vorgelege	Hinterrad antrieb	Gesamt
I	A_1-B_1-B_3-D_1-C_2	16/32 × 19/19 × 19/32 = 1 : 3,37	12/46 = 1 : 3,83	12/84 = 1 : 7	1 : 90,3
II	A_2-C_1	19/37 = 1 : 1,95	= 1 : 3,83	= 1 : 7	1 : 52,3
III	A_3-C_2	24/32 = 1 : 1,33	= 1 : 3,83	= 1 : 7	1 : 35,7
R	A_1-B_1-B_2-C_1	16/32 × 24/37 = 1 : 3,08	= 1 : 3,83	= 1 : 7	1 : 82,6

Für die Ermittelung der c-Werte sind die tragenden Radbreiten b in Rechnung gesetzt

Abb. 60. Triebwerk des Lanz-Felddank-Schleppers.

Wechselgetriebe und Hinterradantrieb.

Anordnung und Übersetzungsverhältnisse siehe Abb. 60.

Das Getriebe hat 3 Vorwärtsgänge und einen Rückwärtsgang.

Hinter dem Wechselgetriebe treibt ein Kegelräderpaar die Differentialwelle, deren Enden die Ritzel für die Innenzahnkränze der Triebräder tragen.

Das Differential ist sperrbar.

Die Zahnräder des Lanztriebwerkes sind nach Gleichung $P = c \cdot b \cdot t$ bei voller Motorleistung wie folgt belastet:

Wechselgetriebe:	1. Gang $c_1 = 217$,
	2. Gang $c_2 = 197$,
	3. Gang $c_3 = 156$;
Kegelräderpaar:	$c_1 = 333$,
	$c_2 = 192$,
	$c_3 = 131$;
Triebräderritzel:	$c_1 = 182$,
	$c_2 = 106$,
	$c_3 = 170$.

Abb. 61.
Zweizylinder-Lanz-Glühkopfmotor.
Saug- und Auslaßseite, Luftreiniger geöffnet.

Abb. 63.
Zweizylinder-Lanz-Glühkopfmotor.
Glühkopfseite.

Abb. 62.
Zweizylinder-Lanz-Glühkopfmotor.
Stirnseite.

Motor (Abb. 61, 62 und 63).

Stehender Zweizylinder-Zweitakt-Glühkopfmotor für Gasölbetrieb, Bohrung 190 mm, Hub 220 mm. Gesamtes Hubvolumen $H = 12\,460$ cm³. Verdichtungsgrad = 5,0 : 1.

Der Zylinderkopf ist abnehmbar und ragt einseitig über. Auf der Unterseite des überragenden Zylinderkopfes sind die beiden Glühköpfe angeschraubt (vgl. Abb. 64). Die Kolben (Abb. 65) sind aus Aluminium von einem spezifischen Gewicht $\gamma = 0{,}32$ kg/cm³ gegossen. Die Kurbelwelle ist dreimal gelagert und um 180° gekröpft. Die Kippmomente sind durch Gegengewichte an den Kurbelwangen nahezu ausgeglichen.

Das als Ladepumpe dienende Kurbelgehäuse ist in 2 Kammern geteilt, deren Lufteinlaß durch je 4 selbsttätige Stahlklappen auf

Abb. 64. Zweizylinder-Lanz-Glühkopfmotor. Glühkopfanordnung.

Abb. 65. Aluminiumkolben des Lanz-Glühkopfmotors.

filzgedichteten Sitzen gesteuert wird. Überströmung und Auslaß werden von der oberen Kolbenkante gesteuert.

Steuerungszeiten:

Überströmen öffnet: 52° v. u. T., schließt: 52° n. u. T.
Auslaß öffnet . . . 48° v. u. T., schließt: 48° n. u. T.

Öffnungsquerschnitte:

3 Auslaßschlitze je Zylinder von zusammen 30 cm² Querschnitt.

4 Überströmschlitze je Zylinder von zusammen 30 cm² Querschnitt.

Zum Anlassen der Maschine werden die Glühköpfe durch eine Benzinlampe angeheizt. Das Anheizen dauert 10 Minuten. Hiernach wird Brennstoff durch Anheben der Pumpenkolben in die Glühköpfe eingespritzt und die Maschine in rückwärtigem Drehsinne mit offenen Kompressionshähnen auf Verdichtung gewippt. Da beim Glühkopfmotor eine Umkehrung des Drehsinnes eintreten kann, ist im Antrieb hinter der Kupplung eine nur im Vorwärtssinne mitnehmende Klauenkupplung eingeschaltet, um eine Gefährdung des Triebwerkes zu verhüten.

Die Regulierung erfolgt durch Änderung der Brennstoffmenge und der Einspritzdauer durch einen Regulator und von Hand.

Der Regulator sitzt auf dem vorderen Ende der Kurbelwelle in der Ventilatorantriebsscheibe. Ein Schrägnocken, welcher die Brennstoffpumpe betätigt, wird vom Regulator achsial verstellt (Abb. 66).

Beginn des Pumpenhubes 130° v. o. T., Ende des Pumpenhubes 50° v. o. T.

Die Kolben der Brennstoffpumpen sind von Hand unabhängig vom Regulator verstellbar.

Der größte Hub der Pumpenkolben ist 2,2 mm.

Die Brennstoffpumpen haben je 2 paarweise hintereinanderliegende Druck- und Saugventile von 6 mm lichtem Durchmesser und 1 Überdruckventil. Das Zuleitungsrohr hat 3 mm lichte Weite.

Durch einen senkrechten Saugrohraufsatz von 90 mm Innendurchmesser liegt die Saugöffnung für die Verbrennungsluft 2,45 m über dem Erdboden.

In der Ansaugleitung ist ein Luftfilter eingeschaltet, welcher aus einem zylindrischen Gehäuse mit ölbenetzten Sieben besteht. Die fünf Siebe sind ineinandergesteckte zylindrische Blechtrommeln von

Abb. 66. Lanz-Glühkopfmotor.
Schrägnocken zur Regulierung des Pumpenhubes.

125 bis 175 mm Durchmesser und 250 mm Höhe mit eingestanzten Löchern und haben zusammen eine Fläche von 5895 cm² (Abb. 61).

Ein Boschöler schmiert die Hauptlagerstellen und die Zylindergleitflächen durch getrennte Rohrleitungen.

Das im Kurbelsumpf zusammenfließende in Sieben gereinigte Öl kehrt in den Boschöler zurück. Die Ölpumpe besitzt eine Saugleitung, durch welche das Öl aus dem hinteren Hauptlager gesaugt wird.

Gesamte Übersetzung im Triebwerk zwischen dem Motor und den Hinterrädern und Fahrgeschwindigkeiten ohne Schlupf bei 650 Motorumdrehungen/Min.:

1. Gang: $i_1 = 1 : 90{,}3$; $V = 2{,}37$ km/Std.,
2. Gang: $i_2 = 1 : 52{,}3$; $V = 4{,}1$ km/Std.,
3. Gang: $i_3 = 1 : 35{,}7$; $V = 6{,}0$ km/Std.

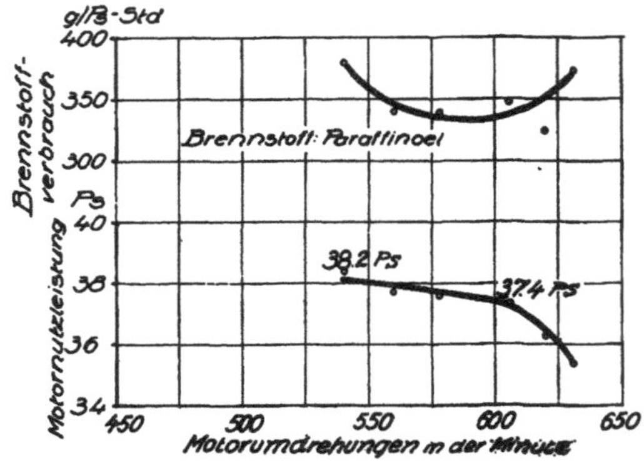

Abb. 67.
Motornutzleistung und Brennstoffverbrauch des Lanz-Felddank-Schleppermotors.

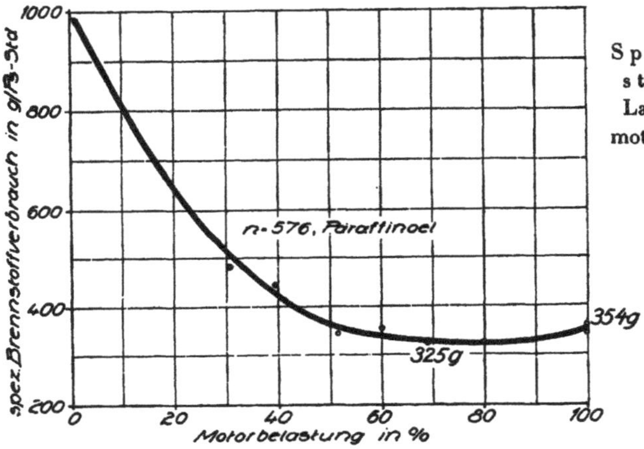

Abb. 68.
Spezifischer Brennstoffverbrauch des Lanz-Felddank-Schleppermotors bei Drosselleistungen.

Motorleistung und Brennstoffausnutzung im Motor.

In Abb. 67 ist die Motorleistung mit Gasöl (Paraffinöl) im Drehzahlbereich von 540 bis 630 Umdr./Min. zu ersehen. Die Höchstleistung beträgt 38,2 PS bei 540 Umdr./Min. mit Luftfilter und Schalldämpfer, 37,4 PS bei 600 Umdr./Min. Ein Vergleichsversuch mit und ohne Luftfilter, sowie mit und ohne Schalldämpfer ergab nur 0,1 bis 0,4 PS Verlust durch den Luftfilter und nur 0,5 PS Verlust durch den Schalldämpfer.

Der Brennstoffverbrauch beträgt nach Abb. 68 354 Gramm Paraffinöl/PS Std. bei einer Motorbelastung von 100 %, d. i. 18,3 % Ausnutzung der dem Motor im Brennstoff zugeführten Energie. Bei Drosselung (Teilbelastung) des Motors fällt der Brennstoffverbrauch im oberen Belastungsbereich ab und erreicht bei zirka 70 % Belastung seinen besten Wert von 325 Gr/PS Std. (d. h. 20 % Energieausnutzung).

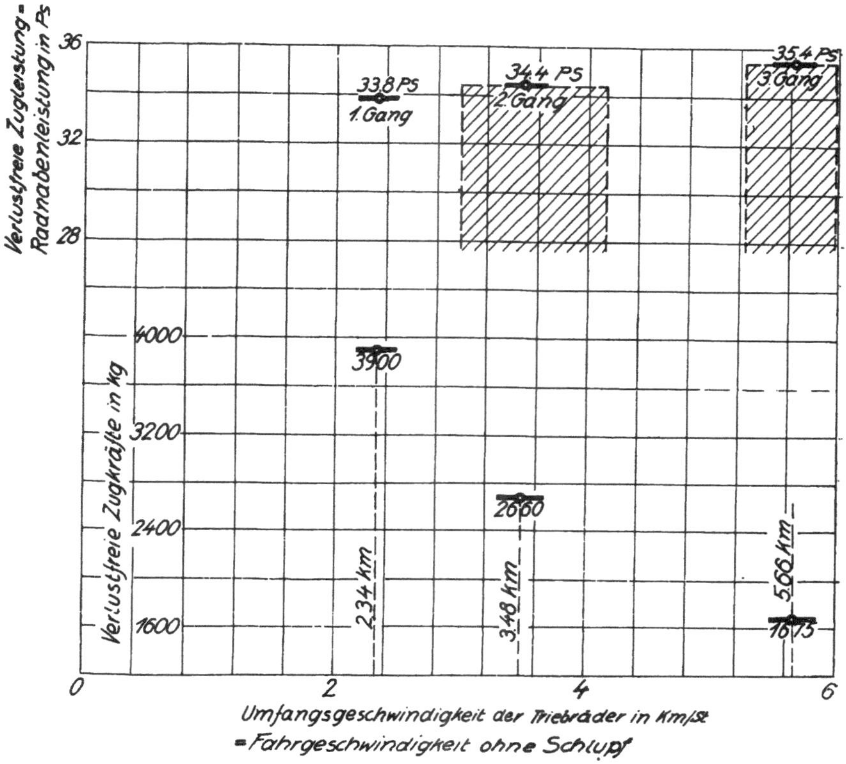

Abb. 69. Verlustfreie Zugleistungen und Zugkräfte des Lanz-Felddank-Schleppers.

Verlustfreie Zugleistungen und Zugkräfte.

Nach Abb. 69 sind die größten verlustfreien Zugleistungen zu 34,4 PS bei 3,48 km/Std. Fahrgeschwindigkeit ohne Schlupf im 2. Gang und zu 35,4 PS bei 5,66 km/Std. Fahrgeschwindigkeit im 3. Gang ermittelt worden. Die „verlustfreien Zugkräfte" bei den vorstehenden Leistungen sind:

1675 kg beim 3. Gang und 2660 kg beim 2. Gang.

Der stündliche Brennstoffverbrauch des vollbelasteten Schleppers (Abb. 70) wurde festgestellt zu:

12,2 kg im 3. Schaltgang, bei $V = 5,3$ km/Std. und

12,8 kg im 2. Schaltgang, bei $V = 3,8$ km/Std.

Mit kleiner werdender Leistungsbelastung des Schleppers verbessert sich zunächst die Brennstoffausnutzung (Abb. 70). Erst von 22 PS an abwärts ist die Brennstoffausnutzung geringer als bei voller Motorbelastung.

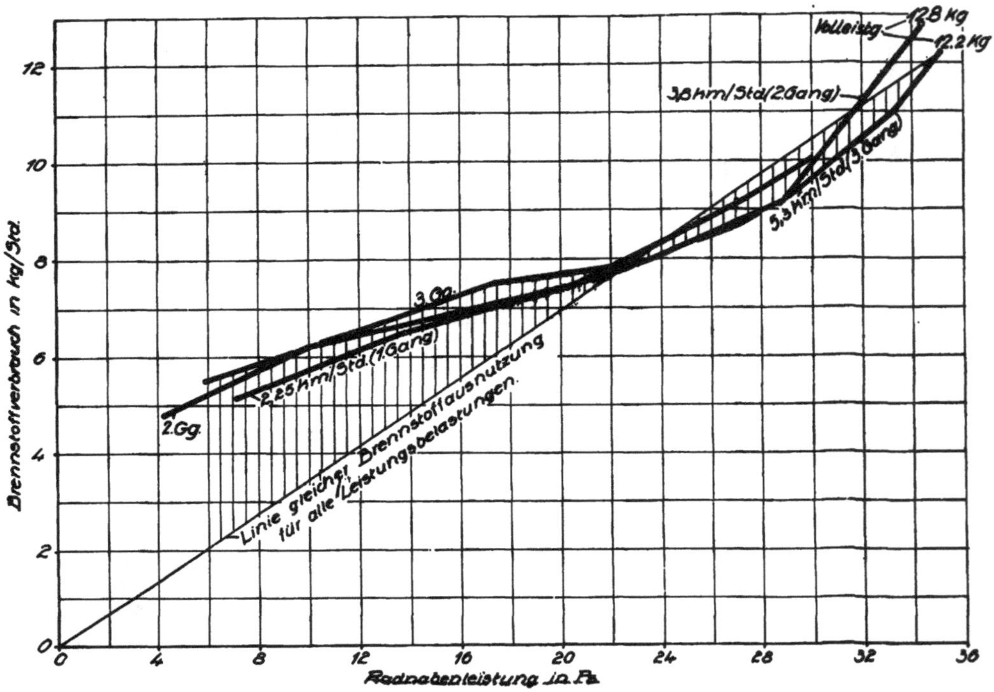

Abb. 70. Stündlicher Brennstoffverbrauch des Lanz-Felddank-Schleppers.

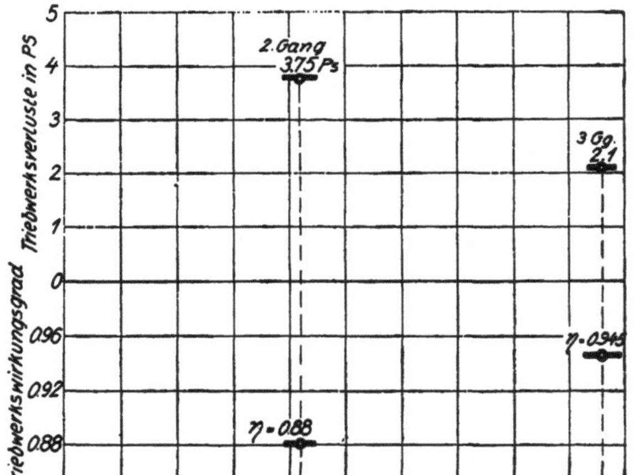

Abb. 71. Triebwerksverluste und Triebwerkswirkungsgrade des Lanz-Felddank-Schleppers.

Triebwerksverluste.

Im Triebwerk gehen zwischen der Motorschwungscheibe und den Hinterradnaben gemäß Abb. 71 bei voller Belastung verloren:

3,75 PS beim 2. Gang und 2,1 PS beim 3. Gang,

so daß der mechanische Wirkungsgrad des Triebwerkes 88 bzw. 94,5 % beträgt.

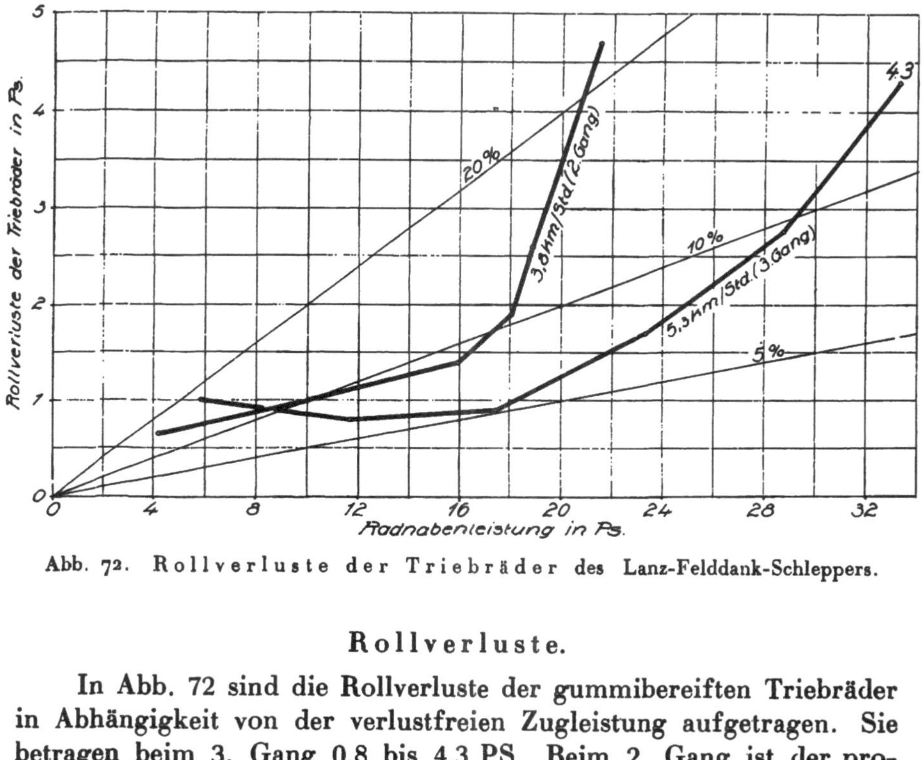

Abb. 72. Rollverluste der Triebräder des Lanz-Felddank-Schleppers.

Rollverluste.

In Abb. 72 sind die Rollverluste der gummibereiften Triebräder in Abhängigkeit von der verlustfreien Zugleistung aufgetragen. Sie betragen beim 3. Gang 0,8 bis 4,3 PS. Beim 2. Gang ist der prozentuale Verlust etwas höher. Die entsprechenden Rollwiderstände der Triebräder, abhängig von den verlustfreien Zugkräften, zeigt Abb. 73.

Die Rollverluste der gummibereiften Triebräder im Leerlauf sind in Abb. 74 gezeigt. Zu ihrer Messung wurden die Triebräder des Schleppers durch die Prüfstandstrommeln angetrieben. Bei Leerfahrt des Schleppers mit 6 km/Std. Fahrgeschwindigkeit beträgt der Rollverlust beider Triebräder 1,6 PS.

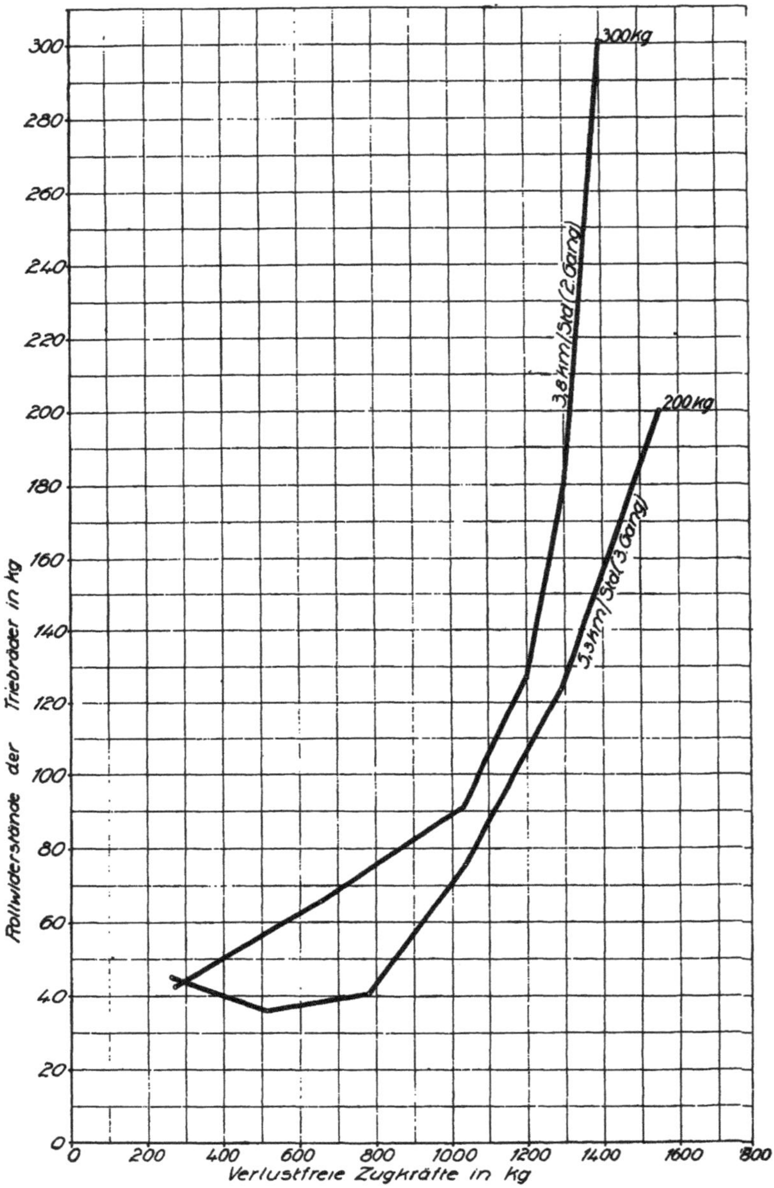

Abb. 73. **Rollwiderstände der Triebräder** des Lanz-Felddank-Schleppers.

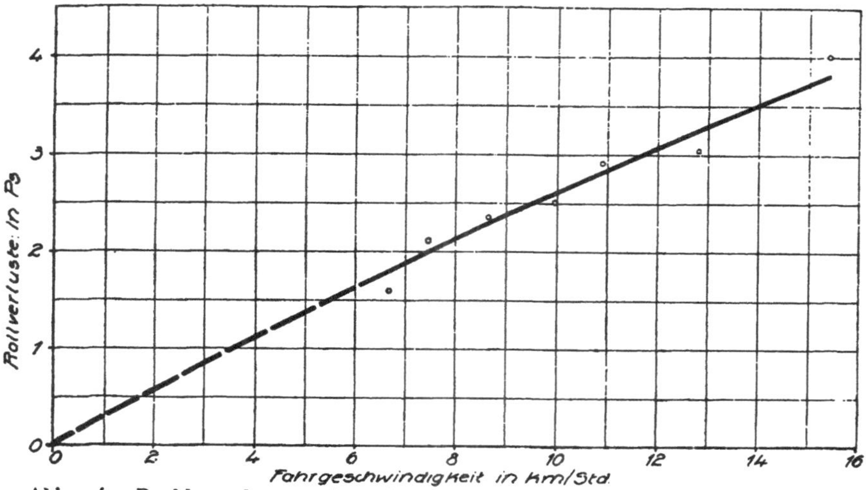

Abb. 74. **Rollverluste der Triebräder** des Lanz-Felddank-Schleppers im **Leerlauf.**

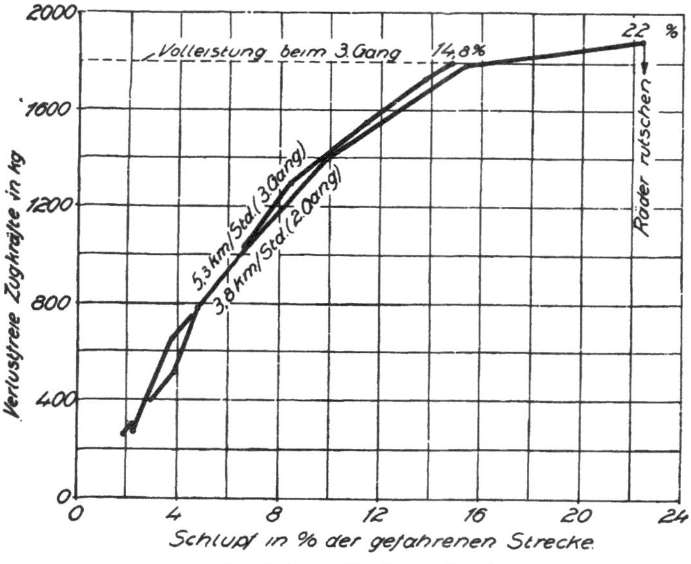

Abb. 75. **Schlupf der Triebräder** des Lanz-Felddank-Schleppers.

Schlupf der Triebräder.

Der Schlupf der Triebräder mit Gummibereifung auf der Fahrbahn in Abhängigkeit von den Umfangskräften (verlustfreien Zugkräften) ist in Abb. 75 dargestellt. Bei den Umfangskräften des 3. Ganges, 1800 kg bei Vollast, nimmt der Schlupf bis 14,8 % der gefahrenen Strecke zu. Im 2. Gang beginnen die Räder bei Umfangskräften von 1900 kg mit 22 % Schlupf zu rutschen.

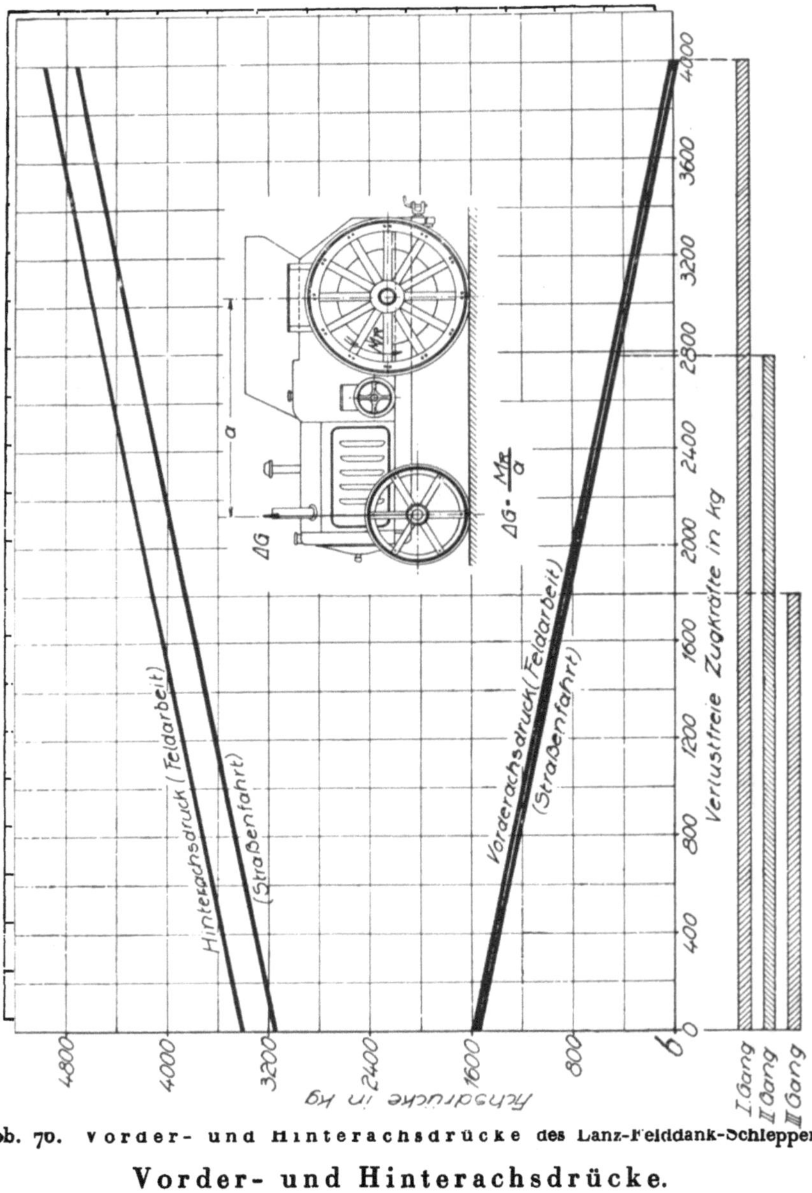

Abb. 76. Vorder- und Hinterachsdrücke des Lanz-Felddank-Schleppers.

Vorder- und Hinterachsdrücke.

Abb. 76 zeigt die Druckzunahme auf die Hinterräder mit steigender Antriebsleistung.

Die Hinterachse wird im 3. Gang bis zu 720 kg = 23 %, im 2. Gang bis zu 1090 kg = 34,5 % und im 1. Gang bis zu 100 %

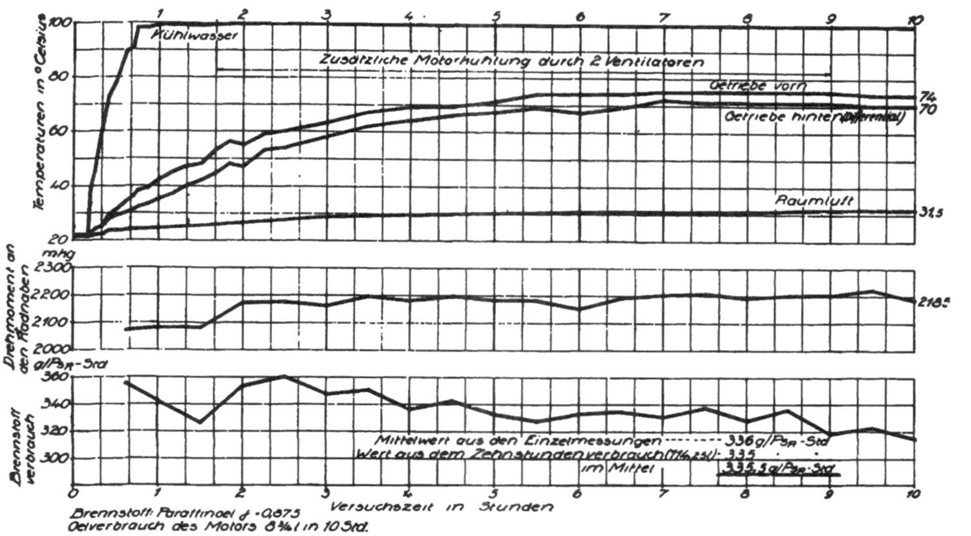

Abb. 77. Zehnstündiger Dauerlauf des Lanz-Felddank-Schleppers mit Volleistung beim 2. Schaltgang und $V = 3{,}5$ km/Std.

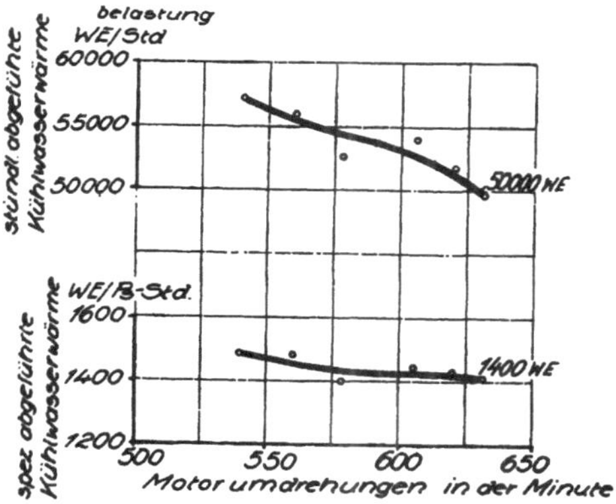

Abb. 78. Abgeführte Kühlwasserwärme des Lanz-Felddank-Motors bei voller Motorbelastung.

zusätzlich belastet. Das Schleppergewicht wird also im 1. Gang als Adhäsionsgewicht voll ausgenutzt, ohne daß der Schlepper aufbäumt.

Die Meßwerte des zehnstündigen Dauerlaufes mit 2. Gang, $V = 3{,}5$ km/Std. Fahrgeschwindigkeit und Volleistung sind in Abb. 77 zusammengestellt. Das Drehmoment an den Triebradnaben war in den letzten drei Stunden am höchsten und im Mittel 2170 mkg. Der Verbrauch an Brennstoff ergab sich als Mittelwert zu 335,5 g/PS Std.

Die Öltemperatur im Getriebe (Abb. 77) wurde im vorderen und im hinteren Teil des Getriebekastens zu 74° C bzw. 70° C gemessen. Im hinteren Getriebeteil (Kegelräderpaar, Differentialwelle) blieb die Temperatur stets zwischen 3 und 8° C unter derjenigen vorn im Wechselgetriebe.

Die gemessenen Werte sind besonders in Anbetracht der sehr hohen Raumtemperatur von 31,5° C während des Versuches ein Beweis dafür, daß das Getriebe in keiner Weise überbeansprucht ist. Alle Zahnräder und Lager waren am Schluß der Versuche in einwandfreiem Zustande.

Die Kühlwassertemperatur erreichte nach einer Betriebsstunde 99° C. Vor Ablauf der zweiten Stunde wurde eine zusätzliche Belüftung durch zwei Ventilatoren eingeschaltet. Die abgeführte Kühlwasserwärme ist in Abb. 78 dargestellt. Hiernach sind 50 000 WE./Std. bei Vollast und 630 Motorumdr./Min. bzw. 1400 WE./PS Std. abzuführen.

Der Schmierölverbrauch des Motors im Zehnstundenlauf wurde zu 0,88 l/Std. gemessen.

Lanz-Schlepper „Ackerbulldog"
der Firma Heinrich Lanz, Maschinenfabrik, Mannheim.

Bauart (Abb. 79 und 80).

Zweiachsiger Vierradschlepper mit Vierradantrieb. Die Lenkung erfolgt durch Schwenkung der Hinterachse um einen vor der Hinter-

Abb. 79. Lanz-Ackerbulldog.
An den Hinterrädern sind die Greifer abmontiert.

Abb. 80.
Lanz-Ackerbulldog beim Pflügen.

achse am Ende des dreieckigen Rahmens liegenden Gelenkpunkt, durch dessen Mitte der Antrieb der Hinterachse gelenkig durchgeführt ist. Die Radantriebe sind durch Differentiale ausgeglichen.

Gewichte des Schleppers.

Schlepper, trocken	1875 kg
Schlepper, betriebsfertig	1960 „
Statischer Vorderachsdruck	1275 „
Statischer Hinterachsdruck	685 „
Abmessungen:	
Achsabstand	1400 mm
Spurweite vorn und hinten	1090 „
Kleinster äußerer Wenderadius	4 m
Kleinster innerer Wenderadius	3 „

Durchmesser, Breite und Bereifung der Laufräder für Feldarbeit:

Felge vorn: 1050 mm Durchmesser × 200 mm, Verbreiterung auf 400 mm, 16 dachförmige, unter 45° aufgenietete Greifer von je 70 mm Höhe.

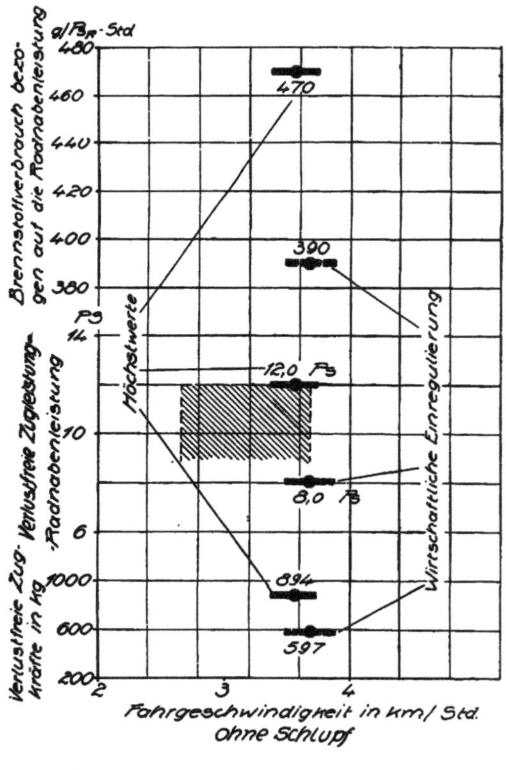

Abb. 81. Verlustfreie Zugleistungen und Zugkräfte des Lanz-Bulldog-Schleppers.

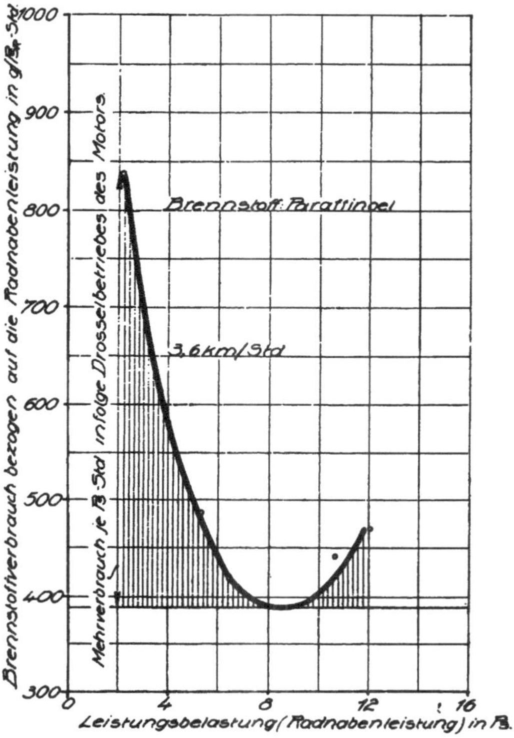

Abb. 82.
Spezifischer Brennstoffverbrauch
des Lanz-Bulldog-Schleppers.

Felge hinten: 850 mm Durchmesser × 200 mm, Verbreiterung auf 400 mm, 12 dachförmige, unter 45° aufgenietete Greifer von je 70 mm Höhe.

Für Lastenzug auf Straßen ist der Schlepper nicht durchgebildet.

Der Schlepper hat einen Vorwärtsgang und einen Rückwärtsgang durch Umsteuern des Motors. Die vier Laufräder sind mit Innenzahnkränzen versehen, in welche die Antriebsritzel eingreifen.

Motor.

Liegender Einzylinder-Glühkopfmotor für Gasölbetrieb, 12 PS Nennleistung, Zweitakt, Bohrung 190 mm, Hub 220 mm. Hubvolumen 6250 cm^3. Die Durchbildung und Arbeitsweise des Motors sind die gleichen wie beim Lanz-Felddank.

Ein Luftfilter ist nicht vorhanden, sondern die Luft wird durch einen Saugrohraufsatz mit feinmaschigem Drahtsieb gesaugt. Durch den Saugrohraufsatz liegt der Eintritt der Verbrennungsluft 1,8 m über dem Erdboden.

Der Motor hat Verdampfungskühlung.

Leistungen an den Radnaben der Triebräder und Brennstoffverbrauch je PS-Radnabenleistung.

Abb. 81 zeigt die verlustfreie Zugleistung mit 12 PS als Größtwert bei 3,6 km/Std. Fahrgeschwindigkeit. Die entsprechende verlustfreie Zugkraft ist 894 kg.

Abb. 82 zeigt den Brennstoffverbrauch für den ganzen Belastungsbereich.

Als wirtschaftliche Dauerleistung an den Radnaben wurden 8,0 PS ermittelt, entsprechend einer Zugkraft von 597 kg. Für diese höchste und wirtschaftliche Leistung ergab sich ein spezifischer Paraffinölverbrauch von:

470 g bzw. 390 g je 1 PS Radnabenleistung und Stunde.

Im Zehnstundenlauf wurden 14,2 Liter/Std. Kühlwasser verdampft, bei einer dauernden Leistungsbelastung von 8 PS. Der Ölverbrauch des Motors betrug 0,2 Liter/Stunde.

Benz-Sendling-Schlepper
der Firma Benz-Sendling-Motorpflüge G. m. b. H., Berlin NW. 7.

Aus dieser Untersuchung werden nur die Ergebnisse am Motor mitgeteilt.

Abb. 83. Benz-Sendling-Schlepper beim Pflügen.

Abb. 84. Benz-Sendling-Schlepper. Triebrad ohne Greifer. Kettenkasten und Stützräder abmontiert.

Abb. 85, 86, 87.
Benz-Dieselmotor.
Längsschnitt, Querschnitt,
Brennstoffpumpe mit Antrieb.

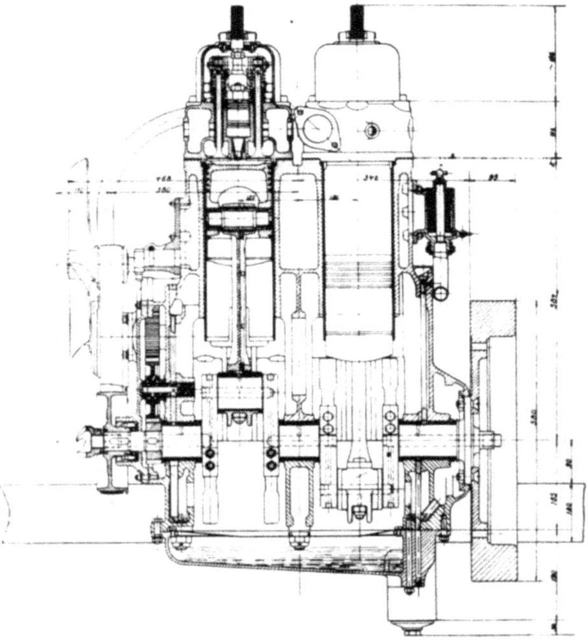

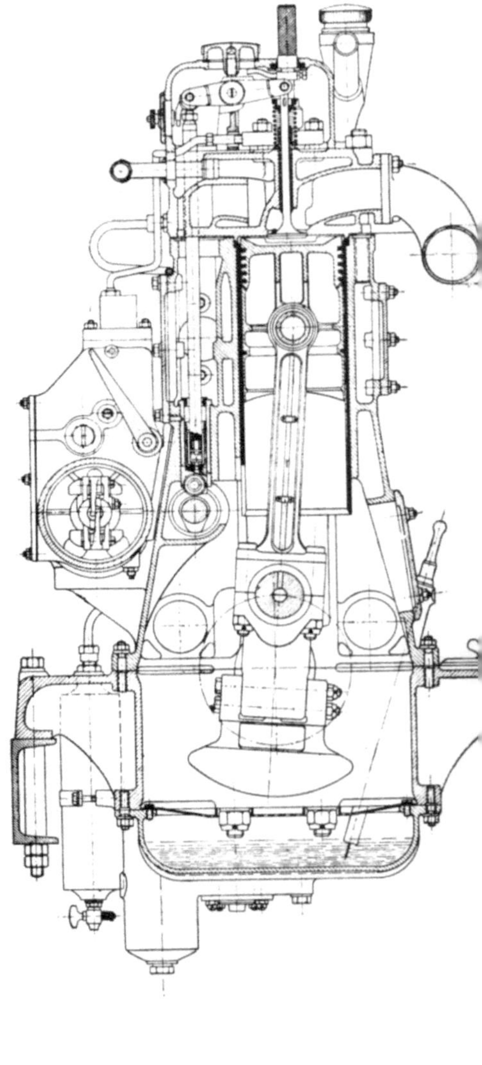

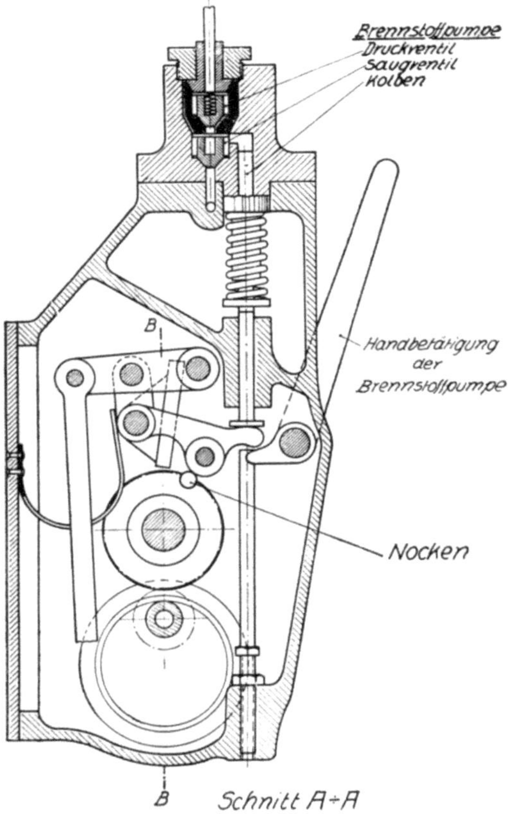

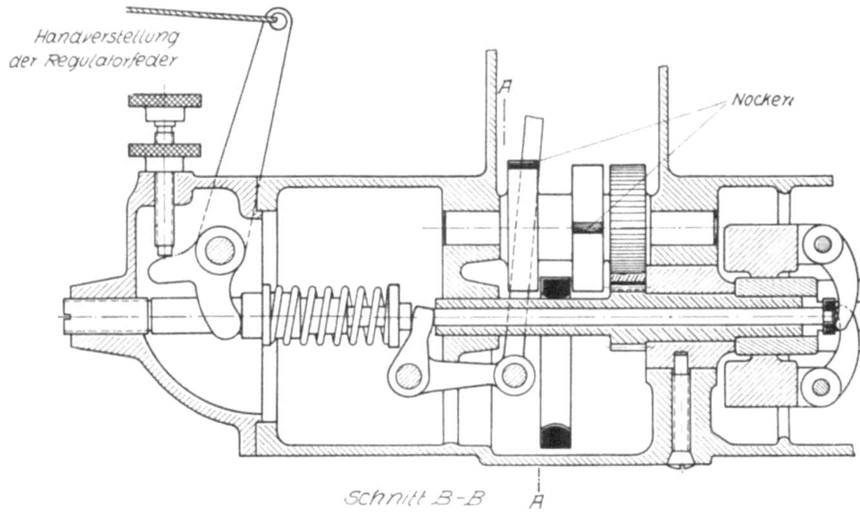

Abb. 88. Benz-Dieselmotor. Regulator der Brennstoffpumpe.

Bauart (Abb. 83 und 84).

Dreirädriger Schlepper mit zweirädriger Vorderachse und einem Hinterrad als Antriebsrad.

Für die Arbeit auf dem Felde ist ein Nebenrad von gleichem Durchmesser wie das Antriebsrad vorgesehen, welches auf dem rechtsseitig über den Rahmen hinausragenden Hinterachsstummel aufgesetzt wird.

Zur Vergrößerung der Standfestigkeit ist beiderseits des Hinterrades je ein herausschwenkbares Stützrad vorhanden.

Gewicht des Schleppers: trocken 2987 kg, betriebsfertig 3083 kg. Statischer Vorderachsdruck 1123 kg. Hinterachsdruck 1960 kg. Gewicht des trockenen Motors mit Schalldämpfer und Luftfilter 506 kg.

Radabmessungen: vorne 850 mm Durchmesser, 150 mm breit, hinten 1400 mm Durchmesser, 500 mm breit.

Motor (Abb. 85 und 86).

Stehender kompressorloser Zweizylinder-Viertakt-Dieselmotor mit Verbrennungsvorkammer für Gasölbetrieb. Bohrung 135 mm, Hub 200 mm, gesamtes Hubvolumen $H = 5730$ cm^3, Verdichtungsgrad 15,4:1. Zwei abnehmbare Zylinderköpfe. Hängende Ventile mit Antrieb durch Schwinghebel und Stoßstangen von der im Kurbelgehäuse liegenden Nockenwelle. Innerer Ventildurchmesser 50 mm, größter Ventilhub 12 mm.

Steuerungszeiten:

Auslaß öffnet: 40° v. u. T., schließt: 9° n. o. T.
Einlaß öffnet: 10° v. o. T., schließt: 7° n. u. T.

Kurbelgehäuse mit Zylinderblock aus Aluminium einstückig gegossen. Die gußeisernen Kolben laufen in eingesetzten Zylinderlaufbüchsen. Die Kurbelwelle ist um 180° doppelt gekröpft, in drei Gleitlagern gelagert und durch Gegengewichte ausgeglichen.

Zum Anlassen wird Brennstoff durch Handbetätigung der Brennstoffpumpe in das selbsttätige federbelastete Nadelventil und zur Verbrennungsvorkammer gedrückt. Die Brennstoffleitung und die Kammer des Nadelventils werden durch ein auf der Kammer angeordnetes Ventil entlüftet. Der Motor wird mit verminderter Verdichtung durchgedreht. Die ersten Zündungen werden durch in die Vorkammer eingesetztes glimmendes Salpeterpapier ausgelöst. Der Brennstoff wird durch Kühlwasser vorgewärmt.

Die beiden Brennstoffpumpen (Abb. 87) haben je ein Druck- und ein Saugventil. Vom Druckventil führt die Brennstoffleitung vor die Kammer des Nadelventils, welches unter Federspannung steht und durch den von der Brennstoffpumpe erzeugten Brennstoffdruck geöffnet wird und sich unter der Federspannung selbsttätig schließt. Der Brennstoff gelangt durch das Nadelventil in die Vorkammer. Das untere Ende der Vorkammer mündet in einen Zerstäuber aus und steht durch diesen mit dem Verbrennungsraum in dauernder Verbindung. Die Einspritzzeiten sind entsprechend der Nockenlaufbahn 8° v. o. T. bis 40° n. o. T. Kolbendurchmesser der Brennstoffpumpen 11,5 mm, größter Hub 2,3 mm, Ventildurchmesser 3,5 mm.

Ein Regulator (Abb. 88) regelt die Brennstoffmenge durch Änderung des Pumpenhubes.

Die Regulatorfeder ist von Hand durch einen Drahtseilzug vom Führersitz aus oder durch Regulierschraube verstellbar.

Zum Stillsetzen der Maschine wird der den Kolben der Brennstoffpumpe betätigende Stößel durch Handhebel vom Steuerungsnocken abgehoben.

Schmierung des Motors durch Druck-Umlaufschmierung durch Zahnradpumpe im Kurbelgehäuse.

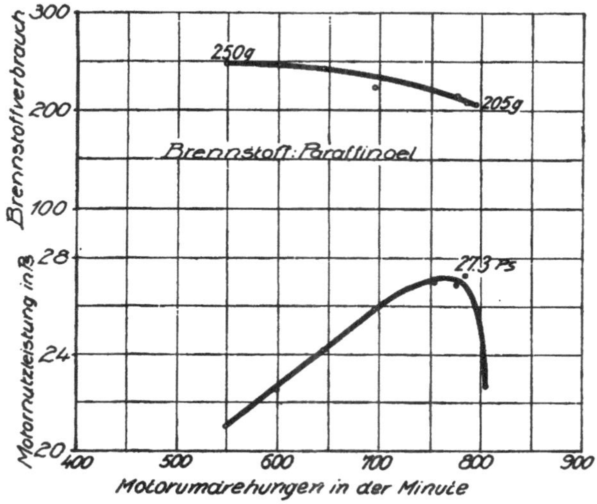

Abb. 89. **Motornutzleistung und Brennstoffverbrauch** des Benz-Dieselmotors. Leistungsabnahme durch Luftfilter bis 0,15 PS, durch Schalldämpfer bis 0,1 PS.

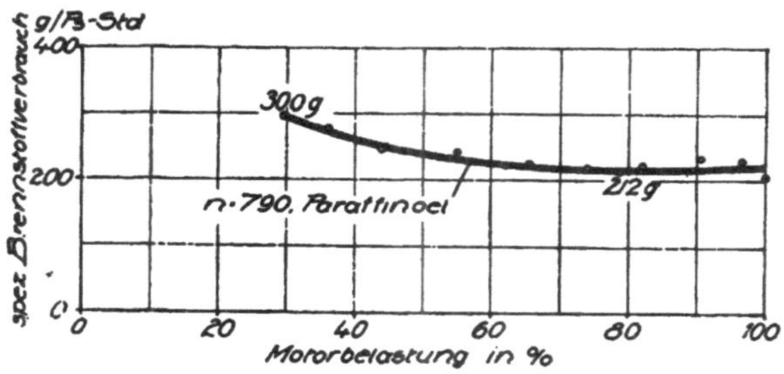

Abb. 90. **Spezifischer Brennstoffverbrauch** des Benz-Dieselmotors bei Drosselleistungen.

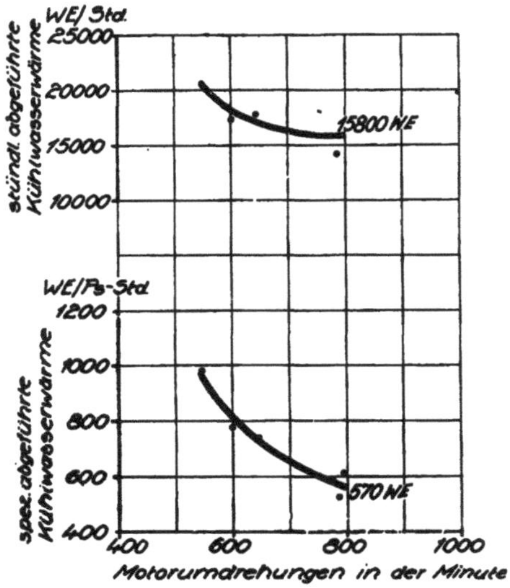

Abb. 91. Abgeführte Kühlwasserwärme des Benz-Dieselmotors bei voller Motorbelastung.

Motorleistung und Brennstoffausnutzung im Motor.

Abb. 89 zeigt die Motorleistungen im ganzen Drehzahlbereich von 550 bis 800 Umdr./Min. Als Höchstleistung wurden 27,3 PS bei 785 Umdr./Min. gemessen.

Der Brennstoffverbrauch (Abb. 89) beträgt 205 bis 250 g/PS Std., d. h. 31,5 bis 25,8 % der im Brennstoff zugeführten Energie werden im Motor ausgenutzt. Bei Teilbelastungen des Motors hält sich der Brennstoffverbrauch von Vollast bis auf 30 % Motorbelastung herab unter 300 g/PS Std. (vgl. Abb. 90).

Die Kühlwasserwärme des Benz-Dieselmotors bei voller Belastung (Abb. 91) beträgt 20 000 bis 15 800 WE./Std. oder 980 bis 570 WE./PS Std.

M. T. W.-Raupenschlepper

der Firma Heinrich Ritscher, Abt. Moorburger Treckerwerke, Hamburg.

Bauart (Abb. 92).

Die Rahmen der beiden Raupenlaufwerke sind im hinteren Teil um die Achse der treibenden Raupenräder am Schlepper drehbar angelenkt, so daß jedes Raupenlaufwerk in einer senkrechten Ebene ausschwenken kann. Der vordere Teil der Raupenlaufwerke ist am Schlepper in einem Gleitstück seitlich geführt. Das Gewicht des Schleppers wird von den beiden Raupenlaufwerken hinten durch die Raupentriebräder und vorne durch Stützfedern aufgenommen. Der Raupenrahmen wird durch eine endlose, 22gliedrige Rollenkette getragen, welche auf einer Gleisbahn im Rahmen umläuft. Motor, Getriebe und die treibenden Raupenräder sind in einem Rahmen aus normalen Winkeleisen und Stahlblechen gelagert. Das hintere Rahmenende wird durch das Getriebegehäuse gebildet. Motor und Getriebe sind getrennte Maschinengruppen.

Abb. 92. M. T. W.-Raupenschlepper mit aufgeschraubten Gummiklötzen für Straßenfahrt.

Gewichte des Schleppers.

	Für Straßenfahrt	Für Feldarbeit
Schlepper, trocken	2222 kg	2082 kg
Wasser	22 „	22 „
Schmieröl im Motor	6 „	6 „
Fett und Schmieröl im Getriebe und Differential	25 „	25 „
Brennstoff im vollen Tank	58 „	58 „
Zusammen:	2333 kg	2193 kg

Einzelgewichte:

Motor, trocken ohne Kühler, einschl. Luftfilter, Riemenscheibe, Abgasrohr	295 kg
Kupplung	23 „
Gewicht einer Raupenkette	216 „
Gewicht eines Gummiklotzes mit eiserner Unterplatte und Befestigungsschraube	1,85 „
Achsabstand zwischen Raupentriebrad und vorderem Raupenführungsrad	1465 mm
Spurweite (Mitte bis Mitte Raupe)	965 „
Bodenfreiheit des Schleppers:	
auf der Straße	250 „
auf dem Acker	200 „

Auflagefläche und Bodenpressung der M. T. W.-Raupen.

Auflagefläche A_g eines Raupengliedes von 12 cm Länge und 16,5 cm Breite = 198 cm².

Auflagefläche A_t eines unteren Raupentrums auf einer Trumlänge gleich dem Abstand der Raupenräder = 11,55 Glieder je 198 cm² = 2285 cm².

Auflagefläche A_w der vom Raupenstützrahmen durch die Stützrollen belasteten Glieder einer Raupe = 7 Glieder je 198 cm² = 1387 cm².

Statische Bodenpressungen:

p_t = 0,48 kg/cm² in der Auflagefläche A_t des ganzen Trums,
p_w = 0,79 kg/cm² in der Auflagefläche A_w der belasteten Glieder.

Lenkung.

Die Lenkung erfolgt durch Bremsen eines der beiden Raupenantriebe mittels Handrad. Die Differentialachsen tragen je eine Bremstrommel, deren Bremsbänder vom Lenkstock mit Ritzel und

Zahnsegment angezogen werden. Bei Festbremsen einer Raupe wendet der Schlepper auf der Stelle; kleinster äußerer Wenderadius 2 m, kleinster innerer Wenderadius 0 m. Der größte Handradausschlag beträgt 45° für das Festbremsen einer Raupe.

Abmessungen der Raupe, der Triebräder und der Laufräder.

Jede Raupe besteht aus 38 Stahlgußgliedern. Die Glieder sind durch Kettenbolzen von 20 mm Durchmesser miteinander gelenkig verbunden. Die Bolzen laufen in eingepreßten Stahlrohren von 20,5/26 mm Durchmesser. Über diese ist eine Laufhülse von 26,5/33 mm Durchmesser geschoben.

Die Raupenteilung beträgt 126,5 mm. Jedes Raupenglied hat eine 6 mm starke Bodenplatte von 120 mm Länge und 165 mm Breite, mit einer 16 mm hohen Querrippe.

Die Raupentriebräder sind mit Innenverzahnung versehen, in welche die auf den Differentialwellenenden sitzenden Stirnradritzel eingreifen.

Der nach dem Rahmen des Schleppers zu offene Innenraum der Triebräder ist durch Deckel und Packung staubdicht abgeschlossen. Die Raupentriebräder laufen auf Kugellagern. Die vorderen Raupenführungsräder sind auf Gleitlagern gelagert und tragen je zwei Führungsleisten ohne Verzahnung für die Raupe. Zur Nachspannung der Raupe lassen sich die Lagerböcke der Raupenführungsräder auf den oberen Trägern der Raupenstützrahmen verschieben.

Für Straßenfahrt werden auf die Raupenglieder Gummiklötze von je 40 mm Höhe und 8,5 × 15 cm Tragfläche aufgeschraubt.

Die Stützfedern zwischen Schlepper und Raupenrahmen sind beiderseits zwei ineinandergesteckte Spiralfedern, welche unmittelbar hinter dem Vorderrad angeordnet sind. Die äußere Schraubenfeder ist länger und weicher und dient als Tragfeder mit einem größten Federungsweg von 65 mm, die innere Schraubenfeder ist kürzer und härter und fängt die Stöße auf. Sie kommt erst bei vollbelasteter Außenfeder zur Wirkung.

Die gekennzeichnete Anlenkung der Raupenlaufwerke gestattet bei der Fahrt auf unebenem Boden ein vertikales Ausschwenken gegenüber der Schlepperlage um 3°. Eine Differentialsperrung ist nicht vorgesehen.

Beim Pflügen fährt der Schlepper neben der Furche.

K u p p l u n g : Konuskupplung mit Ferodo-Belag; Konusdurchmesser außen 364 mm, innen 340 mm, Konusbreite 70 mm. Flächenbelastung $\frac{U}{F} = 0{,}137\ \text{kg/cm}^2$ bei einem Motordrehmoment von 1860 cmkg.

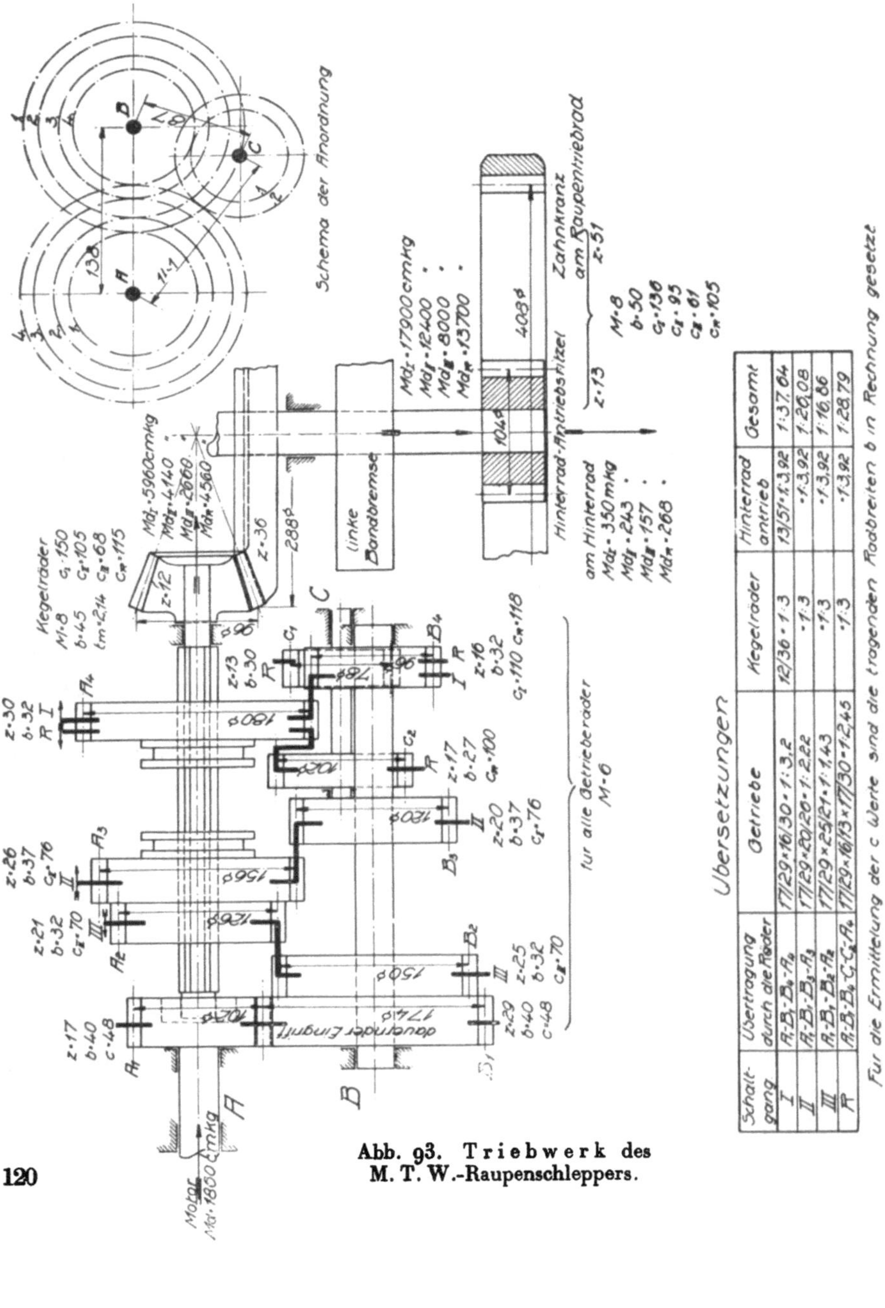

Übersetzungen

Schaltgang	Übertragung durch die Räder	Getriebe	Kegelräder	Hinterradantrieb	Gesamt
I	A_1-B_1-B_4-A_4	17/29 · 16/30 = 1 : 3,2	12/36 = 1 : 3	13/51 = 1 : 3,92	1 : 37,64
II	A_1-B_1-B_3-A_3	17/29 · 20/26 = 1 : 2,22	· 1 : 3	· 1 : 3,92	1 : 26,08
III	A_1-B_1-B_2-A_2	17/29 · 25/21 = 1 : 1,43	· 1 : 3	· 1 : 3,92	1 : 16,86
R	A_1-B_1-B_4-C_1-C_2-A_4	17/29 · 16/13 · 17/30 = 1 : 2,45	· 1 : 3	· 1 : 3,92	1 : 28,79

Für die Ermittelung der c Werte sind die tragenden Radbreiten b in Rechnung gesetzt

Abb. 93. Triebwerk des M. T. W.-Raupenschleppers.

Triebwerk des M. T. W.-Schleppers.

Anordnung und Übersetzungsverhältnisse vgl. Abb. 93.

Das Wechselgetriebe hat drei Vorwärtsgänge und einen Rückwärtsgang. Hinter dem Wechselgetriebe ist ein Kegelräderpaar angeordnet, dessen Tellerrad über das Differential die zur Innenverzahnung der Raupentriebräder führenden Ritzelwellen antreibt.

Die Zahnräder des Triebwerkes sind nach der Beziehung für den Zahndruck $P = c \cdot b \cdot t$ bei voller Motorleistung belastet:

Wechselgetriebe, 1. Gang $c_1 = 110$,
2. Gang $c_2 = 76$,
3. Gang $c_3 = 70$;

Kegelräder, $c_1 = 150$,
$c_2 = 105$,
$c_3 = 68$;

Triebräderritzel, $c_1 = 136$,
$c_2 = 95$,
$c_3 = 61$.

Die gesamten Übersetzungsverhältnisse zwischen dem Motor und den Raupentriebrädern und die Fahrgeschwindigkeiten ohne Schlupf bei der durch den Regulator auf 950 Umdr./Min. begrenzten Motordrehzahl sind:

1. Gang $i_1 = 1:37{,}64$; $V = 2{,}9$ km/Std.
2. Gang $i_2 = 1:26{,}08$; $V = 4{,}18$ km/Std.
3. Gang $i_3 = 1:16{,}86$; $V = 6{,}45$ km/Std.

Motor.

Vierzylinder-Vergasermaschine der Firma Heinrich Kämper Motorenfabrik A.-G., Berlin-Marienfelde; 90 mm Bohrung, 140 mm Hub, gesamtes Hubvolumen $H = 3560$ cm^3, Verdichtungsgrad $= 5{,}66:1$. Zylinder in einem Block gegossen mit zwei abnehmbaren Zylinderköpfen. Ventile hängend im Zylinderkopf, Antrieb von der im Kurbelgehäuse gelagerten Nockenwelle durch Stoßstangen und Schwinghebel. Innerer Ventildurchmesser 32 mm, größter Hub der Auslaßventile 8,4 mm, der Einlaßventile 7,9 mm.

Steuerungszeiten: Auslaß öffnet 22^0 v. u. T., schließt 1^0 v. o. T.,
Einlaß öffnet 19^0 n. o. T., schließt 21^0 n. u. T.

Vergaser:

Pallas-Type II, vertikale Bauart: Lichte Weite 32 mm, mit Lufttrichter 22 mm Durchmesser. Brennstoff-Hauptdüse 95, Luftzusatzdüse 60, Leerlaufdüse 75, Luftreiniger: Trommel 300 mm lang, 88 mm Durchmesser, mit ölbenetzten Metallspänen gefüllt.

Luftvorwärmung durch von Hand einstellbare Heizung des Saugrohres durch Abgase.

Zündung durch Magnetapparat Bosch Type *ZU* 4 mit Abschnappkupplung, Zündkerzen Bosch *r* 2212 *l*.

Saugrohr und Abgassammelrohr liegen außerhalb der Zylinder. Die Drehzahl des Motors ist durch Regulator auf etwa 950 Umdr./Min. begrenzt.

Motorleistung und Brennstoffausnutzung im Motor.

Abb. 94 zeigt die Motorleistung mit Benzol im Drehzahlbereich von 500 bis 1000 Umdr./Min. Die Höchstleistung beträgt 24,7 PS bei 950 Umdr./Min. Ein Vergleichsversuch mit und ohne Luftfilter

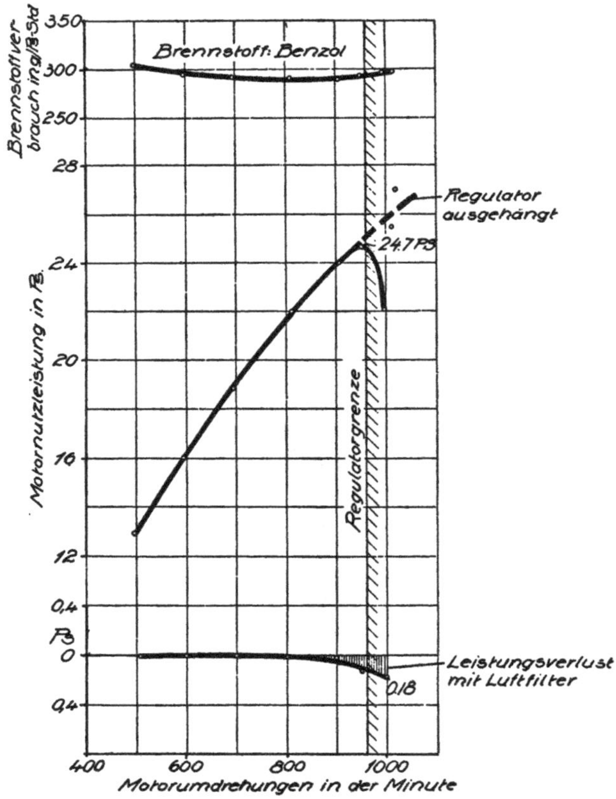

Abb. 94. Motornutzleistung und Brennstoffverbrauch des M.T.W.-Schleppermotors (Kämper-Motor).

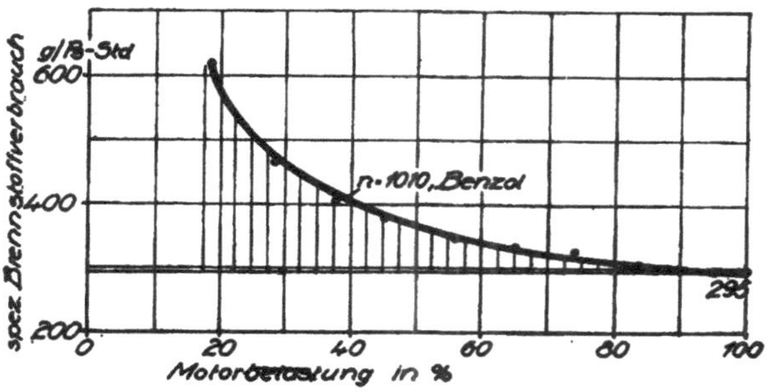

Abb. 95. Spezifischer Brennstoffverbrauch des M. T. W.-Schleppermotors (Kämper-Motor) bei Drosselleistungen.

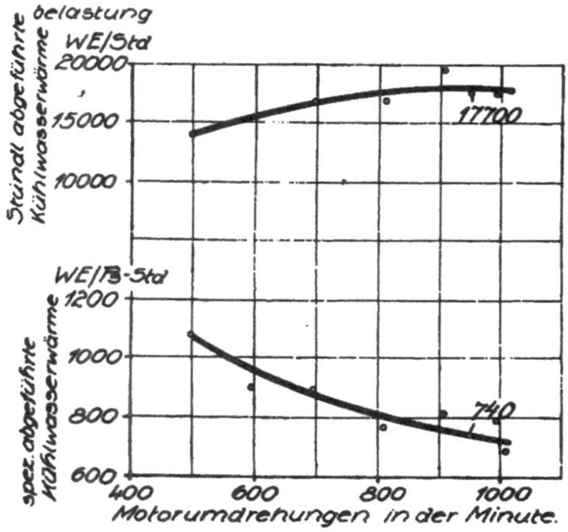

Abb. 96. Abgeführte Kühlwasserwärme des M. T. W.-Schleppermotors (Kämper-Motor) bei voller Motorbelastung.

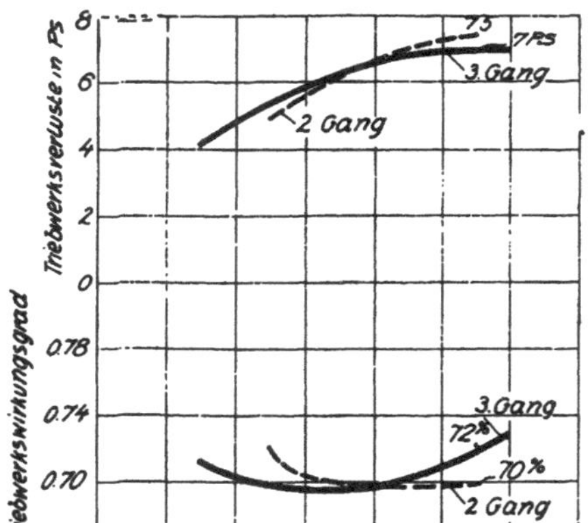

Abb. 98.
Triebwerksverluste und Triebwerkswirkungsgrade des M. T. W.-Raupenschleppers.

ergab im unteren Drehzahlbereich keine und im oberen Drehzahlbereich eine nur sehr geringe Abnahme der Motorleistung durch den Luftfilter (vgl. Abb. 94, unterste Kurve). Der Benzolverbrauch bei voller Motorleistung wurde zu 290 bis 305 g/PS Std. gemessen (Abb. 94) und entspricht einer Ausnutzung von 23 bis 21,8 % der dem Motor im Brennstoff zugeführten Energie. Bei Drosselung (Teilbelastung) des Motors steigt der Brennstoffverbrauch um die in Abb. 95 schraffierten Beträge. Die abgeführte Kühlwasserwärme ist in Abb. 96 dargestellt. Bei voller Motorbelastung und 950 Umdr./Min. sind 17700 WE./Std., d. h. 740 WE./PS Std. abzuführen.

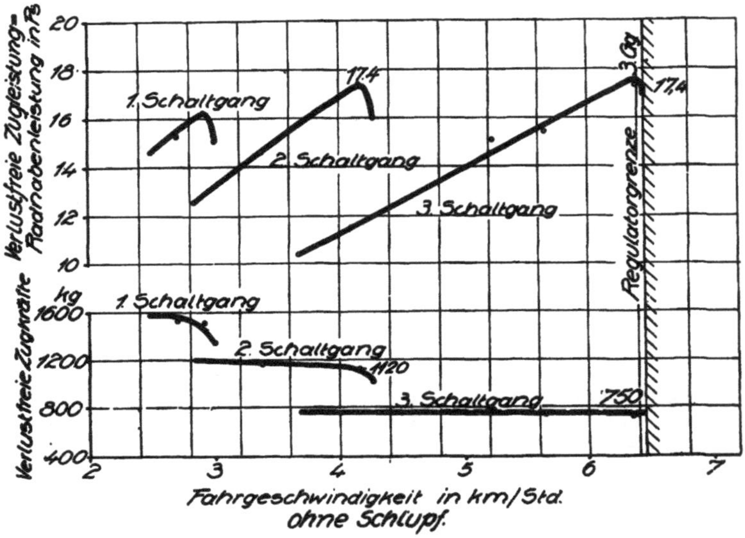

Abb. 97. Verlustfreie Zugleistungen und Zugkräfte des M. T. W.-Raupenschleppers.

Verlustfreie Zugleistungen und Zugkräfte.

Wie Abb. 97 zeigt, sind die größten Zugleistungen des M. T. W.-Schleppers 17,4 PS im 2. und 3. Gang bei 4,18 bzw. 6,45 km/Std. Fahrgeschwindigkeit. Die entsprechenden verlustfreien Zugkräfte sind 1120 kg bzw. 750 kg.

Triebwerksverluste.

Die Triebwerksverluste zwischen dem Motorschwungrad und den Raupentriebrädern betragen gemäß Abb. 98 bei voller Motorleistung

4 bis 7 PS im 3. Gang entspr. 69,6 bis 72 % mechan. Wirkungsgrad,
5 bis 7,5 PS im 2. Gang entspr. 72 bis 70 % mechan. Wirkungsgrad.

Fordson-Schlepper

der Ford Motor Company, Detroit, U. S. A.

Zweiachsiger Vierradschlepper mit Antrieb der beiden Hinterräder (Abb. 99). Motor, Getriebe und Hinterachsbrücke bilden einen Block, der zugleich als Rahmen des Schleppers dient.

Abb. 99. Fordson-Schlepper.

Gewichte des Schleppers
(mit gefederter Vorderachse deutscher Ausführung).

	Für Straßenzug (mit Amobo-Rädern)	Für Feldarbeit (mit Kotflügeln)
Schlepper, trocken	1830 kg	1240 kg
Wasser	41 „	41 „
Schmieröl im Motor und Kupplung	8 „	8 „
Fett im Getriebe und Differential	12 „	12 „
Brennstoff im gefüllten Tank, Haupttank 55 kg, Anlassertank 4 kg	59 „	59 „
Zusammen:	1950 kg	1360 kg
Statischer Vorderachsdruck	580 kg	520 kg
Statischer Hinterachsdruck	1370 „	840 „

Auflagefläche der gummibereiften Räder, vorn 47 cm²/Rad, hinten 152 cm²/Rad.

Statische Bodenpressung der gummibereiften Räder, vorn 6,3 kg/cm², hinten 4,5 kg/cm².

Einzelgewichte:

Motor, trocken	324 kg
Luftwascher, trocken	16,6 „
Vorderachse mit Vorderrädern und Gummibereifung und mit Lenkgestänge	169 „
Vorderachse mit Feder	32,5 „
Feder	12,8 „
Ein Hinterrad (Doppelrad) mit Gummibereifung	428 „
Ein Hinterrad mit Greifern für Feldarbeit	134 „
Ein Vorderrad mit Gummibereifung	58 „
Ein Vorderrad für Feldarbeit	30 „
Ein Kotflügel	38 „
Achsabstand	1605 mm
Spurweite der gummibereiften Räder, vorn	1165 „
hinten	1200 „
Spurweite mit Ackerrädern, vorn	1200 „
hinten	1255 „

Lenkung mit Kegelräderübersetzung. Gesamtes Übersetzungsverhältnis, d. h. Laufradausschlag : Handradausschlag . . . . $\frac{34^0}{133^0} = 1:3,9$

Kleinster äußerer Wenderadius auf der Straße (äußeres Vorderrad)	3,59 m
Kleinster innerer Wenderadius auf der Straße (inneres Hinterrad)	1,75 „

Durchmesser, Breite und Bereifung der Laufräder.

a) für Straßenfahrt:

Vorn: Vollgummi Amobo 500 × 85 × 620 mm einfach;
hinten: Vollgummi Amobo 850 × 140 × 1000 mm doppelt.
Für Parallelversuch: hinten Fulda Parabel Kissenreifen doppelt 850 × 150 × 1065 mm.

b) für Feldarbeit:

Vorn: Stahlfelge von 690 bzw. 700 mm Durchmesser doppelt konisch, 130 mm breit und mit Führungsschiene von 28 mm Höhe; hinten: 1063 mm Durchmesser × 300 mm Stahlfelge mit je 14 Stück 76 mm hohen, unter 30° aufgenieteten *L*-Greifern.

Der Fordson-Schlepper ist vorn und hinten ungefedert. Die deutsche Ersatz-Vorderachse für den Fordson-Schlepper hat eine

Blattfeder von 840 mm Länge, welche unter der in der Mitte nach vorn gekröpften Achse liegt. Bei statischem Vorderachsdruck von 580 kg ist die Feder 31 mm vorgespannt.

Die Vorderachse ist durch einen Bolzen in der Achsmitte schwingend am unteren Kurbelgehäuse des Motors angelenkt und läßt eine größte Schränkung der Vorderachse zur Hinterachse von 22^0 zu. Beim Pflügen fährt der Schlepper neben der Furche.

Der vom Auflagepunkt der Räder gegen die Horizontale ansteigende Schenkel eines Winkels von 20^0 schneidet vor den Vorderrädern und hinter den Hinterrädern keinen Teil des Schleppers.

Triebwerk.

Geölte Lamellenkupplung mit acht treibenden und neun getriebenen Lamellen. Die treibenden Lamellen sind aus Stahl mit einer Brinellhärte von 104 kg/mm², die getriebenen aus Stahl mit einer Brinellhärte von 153 kg/mm².

$$\text{Flächenbelastung} = \frac{\text{Umfangskraft}}{\text{treibende Lamellenflächen}} = \frac{U}{F} = 0{,}09$$

Das Wechselgetriebe, dessen Anordnung und Übersetzungsverhältnisse aus den Abb. 100 und 101 ersichtlich sind, hat drei Vorwärtsgänge und einen Rückwärtsgang. Beim 1. Gang sind drei Zahnräderpaare im Eingriff, beim 2. und 3. Gang nur je ein Zahnräderpaar. In die getriebene Welle des Wechselgetriebes ist das genutete Ende der gehärteten Stahlschnecke eingesteckt. Die Schnecke liegt unter dem Schneckenrad. Die Achsialdrücke der Schnecke werden durch zwei Timken-Schrägrollenlager aufgenommen (Abb. 102). Das aus Bronze gegossene Schneckenrad hat 87,5 kg/mm² Brinellhärte, 20,5 mm Stirnteilung und 348,5 mm mittleren Außendurchmesser und ist 56 mm breit. In dem Gehäuse des Schneckenrades ist ein nicht sperrbares Differential angeordnet.

Die Triebräder sitzen auf den Enden der auf zylindrischen Rollenlagern laufenden Differentialwellen.

Die Zahnräder des Fordson-Triebwerkes (Abb. 101) sind nach $P = c \cdot b \cdot t$ bei voller Motorleistung belastet:

Wechselgetriebe: 1. Gang $c_1 = 154$,
2. Gang $c_2 = 84$,
3. Gang $c_3 = 62$;

Schneckentrieb: $c_1 = 645$,
$c_2 = 352$,
$c_3 = 140$.

Abb. 100. Wechselgetriebe des Fordson-Schleppers.

Abb. 102.
Schneckengetriebe
des Fordson-Schleppers.

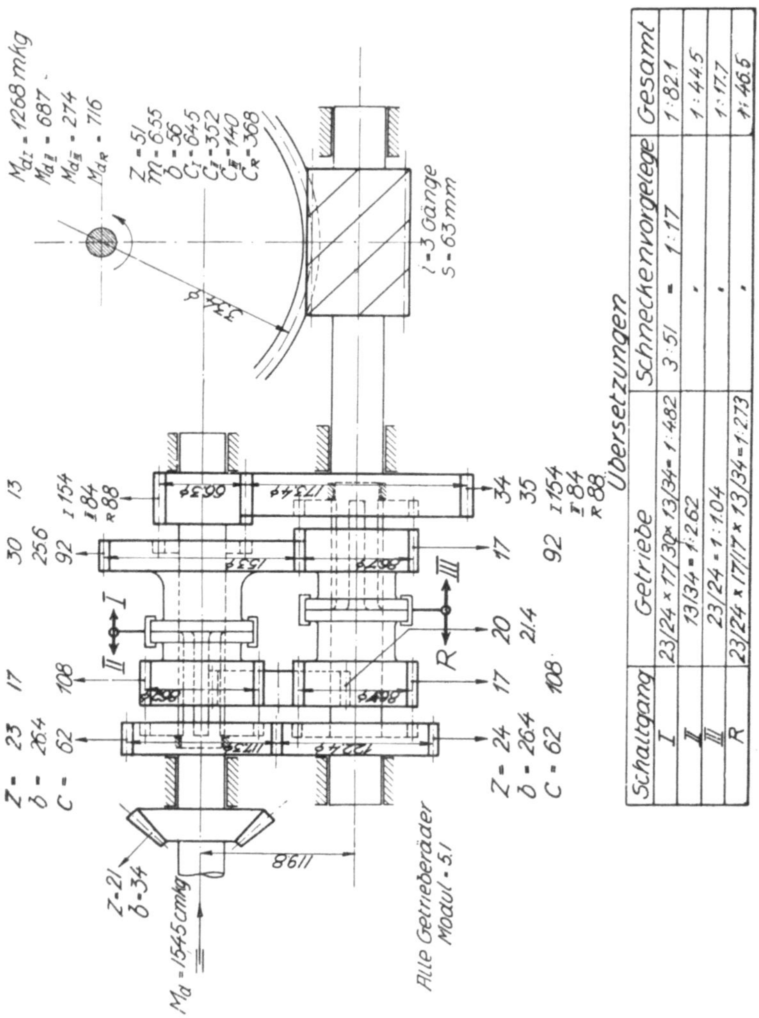

Abb. 101. Triebwerk des Fordson-Schleppers.

Die gesamte Triebwerksübersetzung und die Fahrgeschwindigkeiten ohne Schlupf bei 1300 Umdr./Min. des Motors sind:

1. Gang $i_1 = 1 : 82{,}1$; $V =$ 3 km/Std.
2. Gang $i_2 = 1 : 44{,}5$; $V =$ 5,5 km/Std.
3. Gang $i_3 = 1 : 17{,}7$; $V =$ 13,9 km/Std.

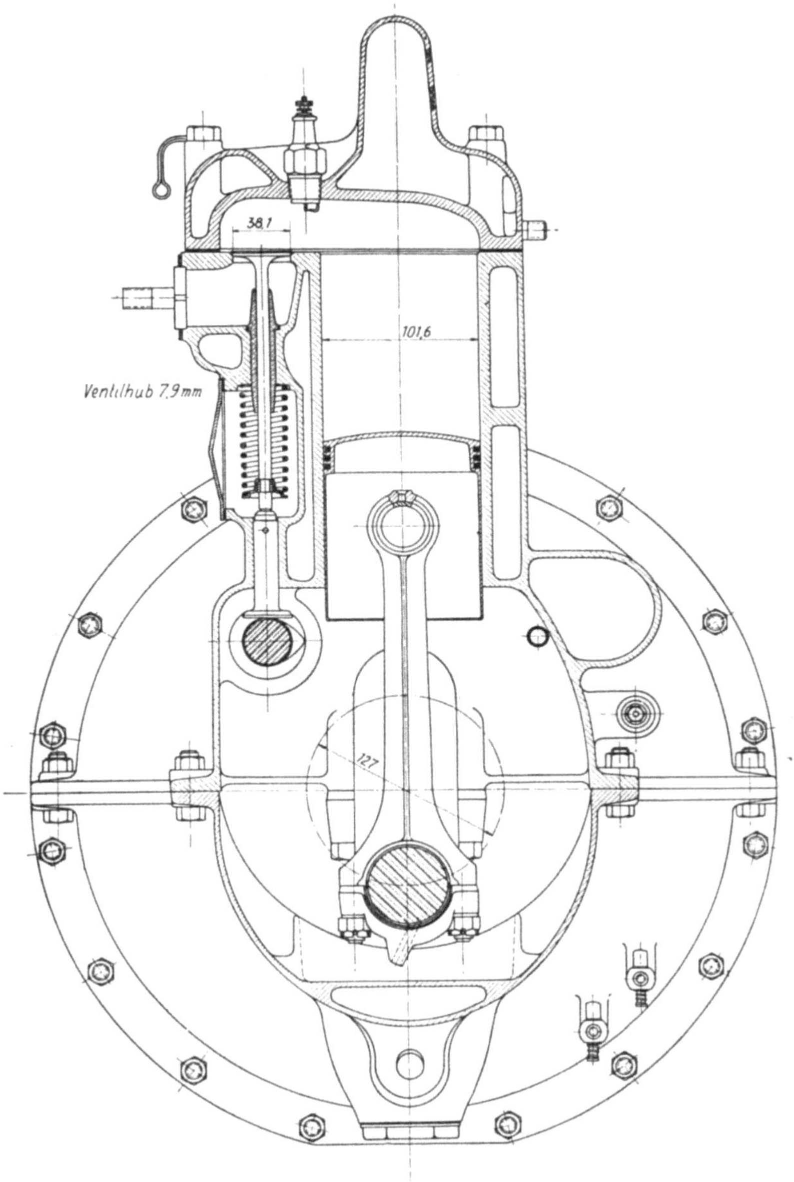

Abb. 103. **Fordson-Motor.** Querschnitt.

Abb. 104. Fordson-Motor mit Temperaturmeßstellen.

Motor (Abb. 103 und 104).

Vier Zylinder, 101,6 mm Bohrung, 127 mm Hub, gesamtes Hubvolumen $H = 4116$ cm³. Zylinderkopf abnehmbar, Ventile stehend auf der rechten Motorseite. Größter Ventilhub: Einlaß und Auslaß 7,9 mm. Steuerungszeiten:

Einlaß öffnet 7° n. o. T., schließt 41° n. u. T.
Auslaß öffnet 34° v. u. T., schließt 2° n. o. T.

Vergaser und Saugrohr.

Der Vergaser und das Saugrohr sind für Petroleum und Benzin gebaut. Für die verschiedenen Brennstoffe sind die Haupt- und Nebendüse verstellbar.

Das mit dem Abgassammelrohr zusammengegossene Saugrohr liegt auf der rechten Motorseite außerhalb des Zylinderblockes (Abb. 104). Der Spritzvergaser sitzt über dem Saugrohr. Der senkrecht abfallende Teil des Saugrohres endigt auf einen durch die Abgase geheizten Verdampfungspilz, dessen Beaufschlagung durch eine vorgelagerte Drosselklappe verändert werden kann. Bei Betrieb mit Benzol ist die Drosselklappe geschlossen.

Zur Erleichterung des Andrehens des Motors ist eine Startdrosselklappe vor dem Vergaser eingebaut. Der lichte Durchmesser des Vergaseranschlußrohres ist 33 mm.

In den Luftreiniger mit Wasserbad tritt die Luft von unten durch ein senkrechtes Rohr ein. Die obere Öffnung dieses Rohres ragt über den Wasserspiegel und wird von einem topfartigen Schwimmer überdeckt. Der Schwimmer hält die Durchströmtiefe im Wasser für die Luft konstant.

Luftvorwärmung am Abgasrohr durch von Hand einstellbare Heizung.

Zündung: Magnetzündung mit elektromagnetischem Unterbrecher.

Der Wechselstromerzeuger sitzt im Schwungrad. An der Vorderseite des Schwungrades sind 16 Pole befestigt, welche mit diesem umlaufen. Der erzeugte Wechselstrom wird von einem Verteiler am vorderen Nockenwellenende auf die Induktionsspulen und magnetischen Unterbrecher der einzelnen Zylinder verteilt. Der Zündzeitpunkt ist von Hand zwischen 53° v. o. T. bis 10° n. o. T. verstellbar.

Die Pleuellager werden durch in Ölrinnen tauchende Schöpfnasen geschmiert (Abb. 103).

Der Motor hat Termosyphonkühlung.

Als Nenndrehzahl des Motors sind 1000 Umdrehungen minutlich angegeben, jedoch ist diese Drehzahl weder durch einen Regulator noch durch die Leistungscharakteristik des Motors begrenzt (vgl. Abb. 113).

Verlustfreie Zugleistungen und Zugkräfte.

Nach Abb. 105 beträgt die größte verlustfreie Zugleistung
16,5 PS bei 5,5 km/Std. Fahrgeschw. ohne Schlupf im 2. Gang,
16,3 PS bei 13,9 km/Std. Fahrgeschw. ohne Schlupf im 3. Gang.

Die entsprechenden verlustfreien Zugkräfte sind 800 kg und 320 kg.

Die Höchstwerte der verlustfreien Zugkräfte im Bereich der drei Schaltgänge sind 1620, 965, 405 kg.

Triebwerksverluste.

Die Triebwerksverluste (Abb. 106) zwischen dem Motorschwungrad und den Hinterradnaben bei vollen Motorleistungen betragen beim 2. und 3. Gang 1,6 bis 5,7 PS, beim 1. Gang 4,5 bis 6,5 PS.

Die mechanischen Wirkungsgrade des Triebwerkes sind 74,5 bis 75,5 % beim 3. Gang, 70 bis 74 % beim 2. Gang und 60 bis 74 % beim 1. Gang.

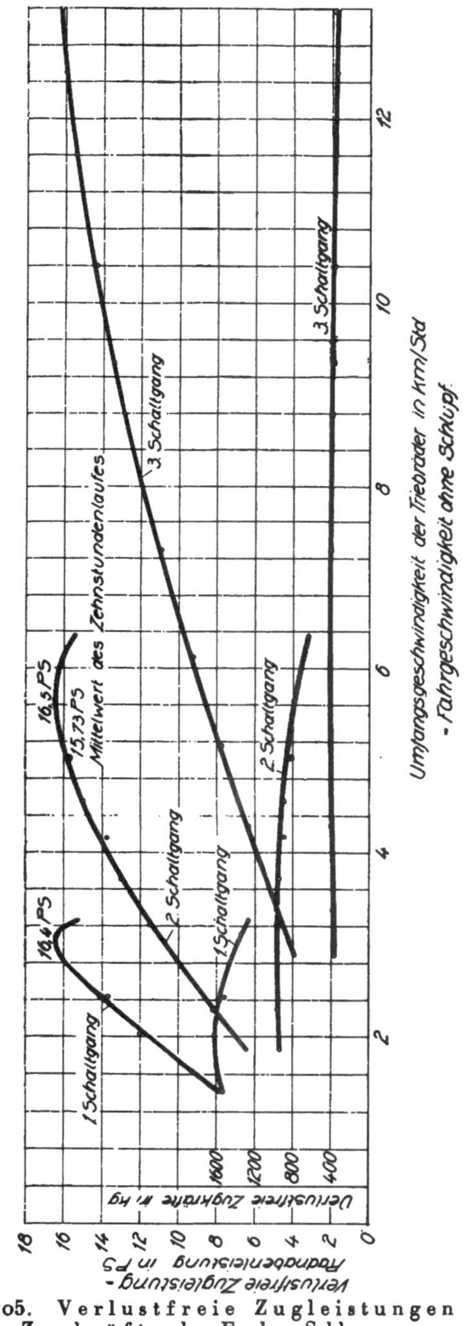

Abb. 105. Verlustfreie Zugleistungen und Zugkräfte des Fordson-Schleppers.

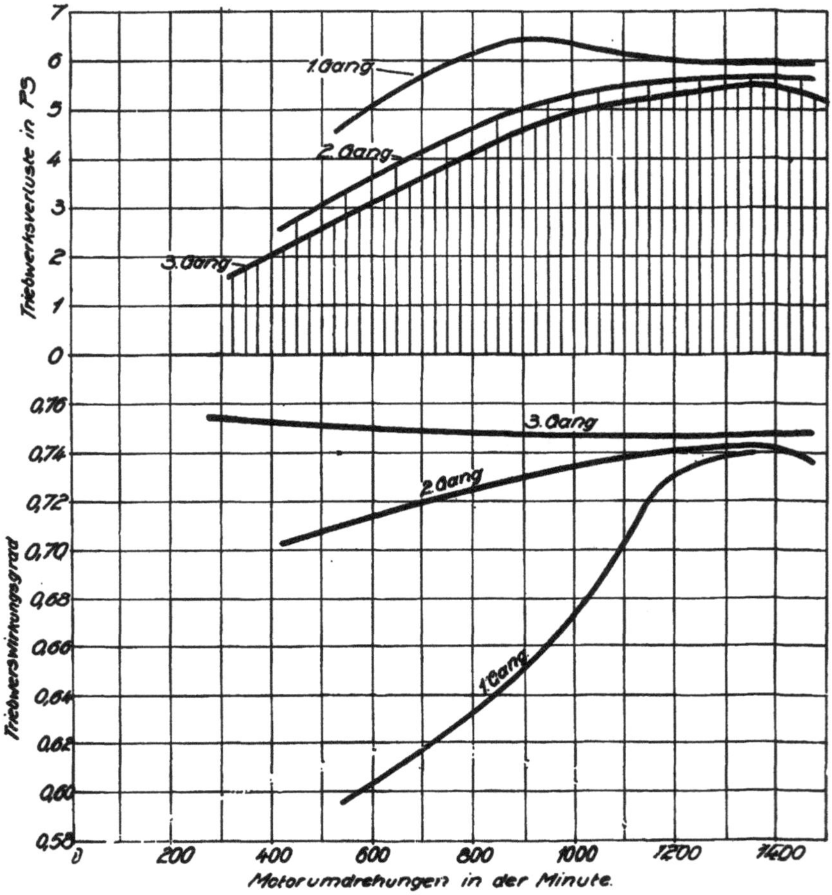

Abb. 106. Triebwerksverluste und Triebwerkswirkungsgrade des Fordson-Schleppers.

Die **Rollverluste** (Abb. 107) der gummibereiften Triebräder für Straßenfahrt liegen bei den Amobo-Vollreifen und bei den Fulda Parabel Kissenreifen unter 1 PS.

Die Rollwiderstände der Triebräder auf der Straße halten sich bei verlustfreien Zugkräften bis zu 600 kg auf annähernd 20 kg. Erst bei Zugkräften über 600 kg steigen die Rollwiderstände rasch an (Abb. 108).

Die Rollverluste und Radlagerverluste der gummibereiften Vorderräder betragen, wie Abb. 109 zeigt, bis 0,5 PS.

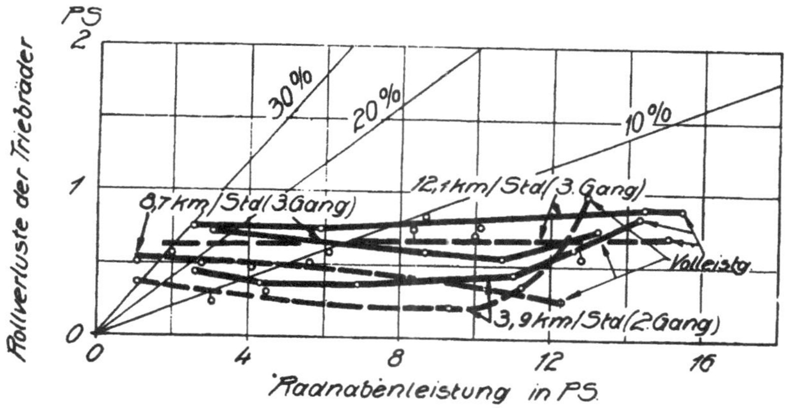

Abb. 107. Rollverluste der Triebräder des Fordson-Schleppers.

Bereifung: ▬▬ Amobo-Vollgummireifen.
— — Fulda-Parabel-Kissen-Reifen.

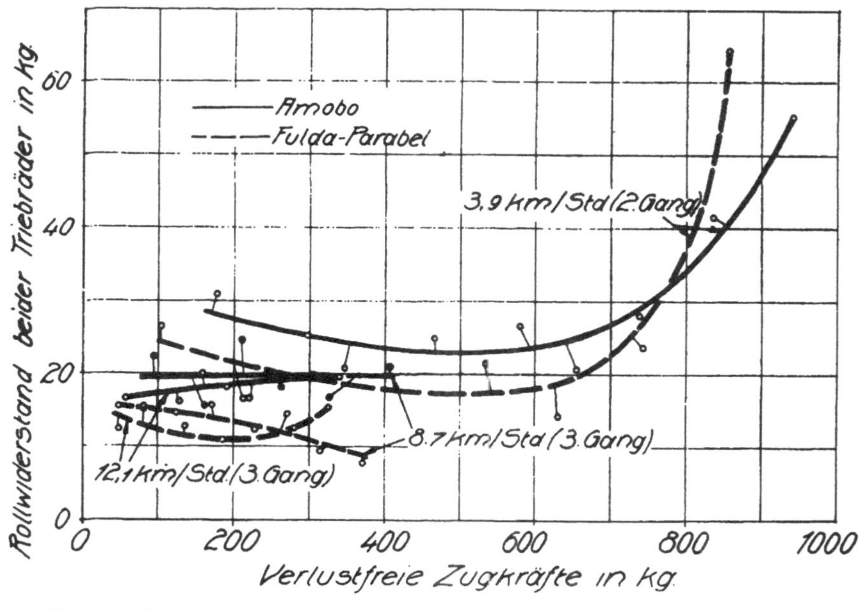

Abb. 108. Rollwiderstände der Triebräder des Fordson-Schleppers.

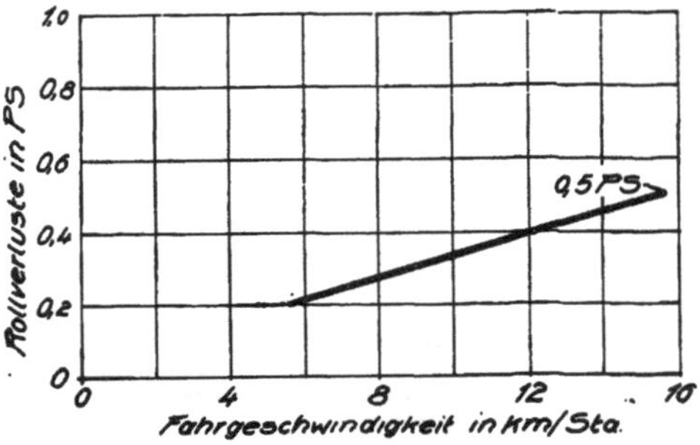

Abb. 109. Rollverluste der Vorderräder einschließlich der Lagerverluste (Kugellager) des Fordson-Schleppers.

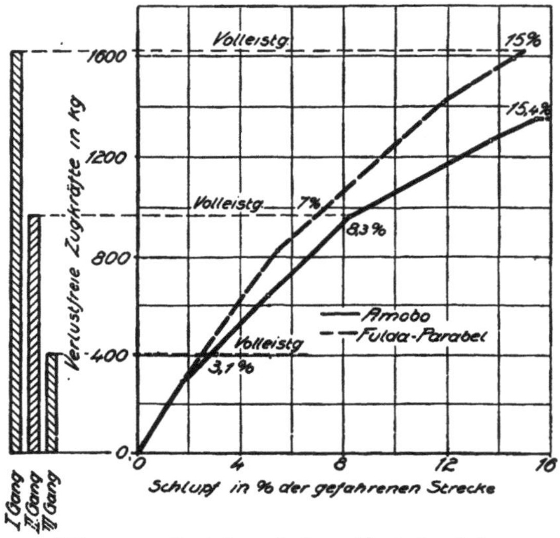

Abb. 110. Schlupf der Triebräder des Fordson-Schleppers.

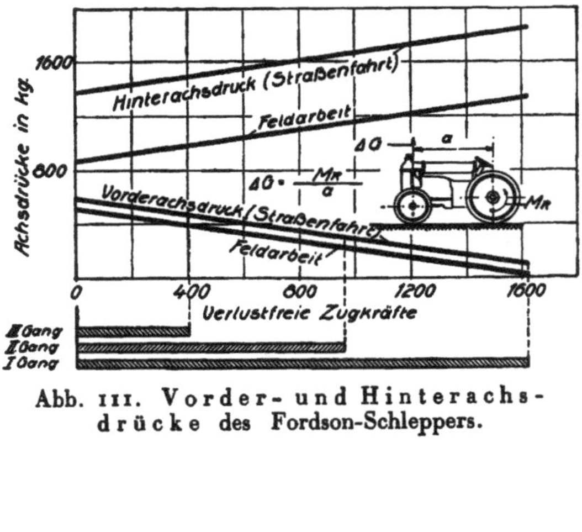

Abb. 111. Vorder- und Hinterachsdrücke des Fordson-Schleppers.

Schlupf der Triebräder (Abb. 110).

Mit Vollgummireifen wurden im 3. Gang 405 kg verlustfreie Zugkraft bei 3,1 % Schlupf, im 2. Gang 965 kg bei 8,3 % Schlupf und im 1. Gang 1350 kg bei 15,4 % Schlupf übertragen. Bei höheren Zugkräften rutschten die Räder.

Mit Fulda Parabel Kissenreifen blieb dagegen der Schlupf kleiner, gestattete auch die Übertragung der vollen Zugleistungen beim 1. Gang (vgl. gestrichelte Kurve in Abb. 110).

Die günstigeren Werte der Fulda Parabel Kissenreifen sind im Zusammenhang mit der später erörterten bedeutend besseren Abfederung der Schleppermassen und der Schonung der Straße bemerkenswert.

Die dynamische Veränderung der Achsdrücke ist in Abb. 111 dargestellt.

Bei der größten Zugkraft des 1. Ganges ist die Vorderachse des Schleppers noch schwach belastet.

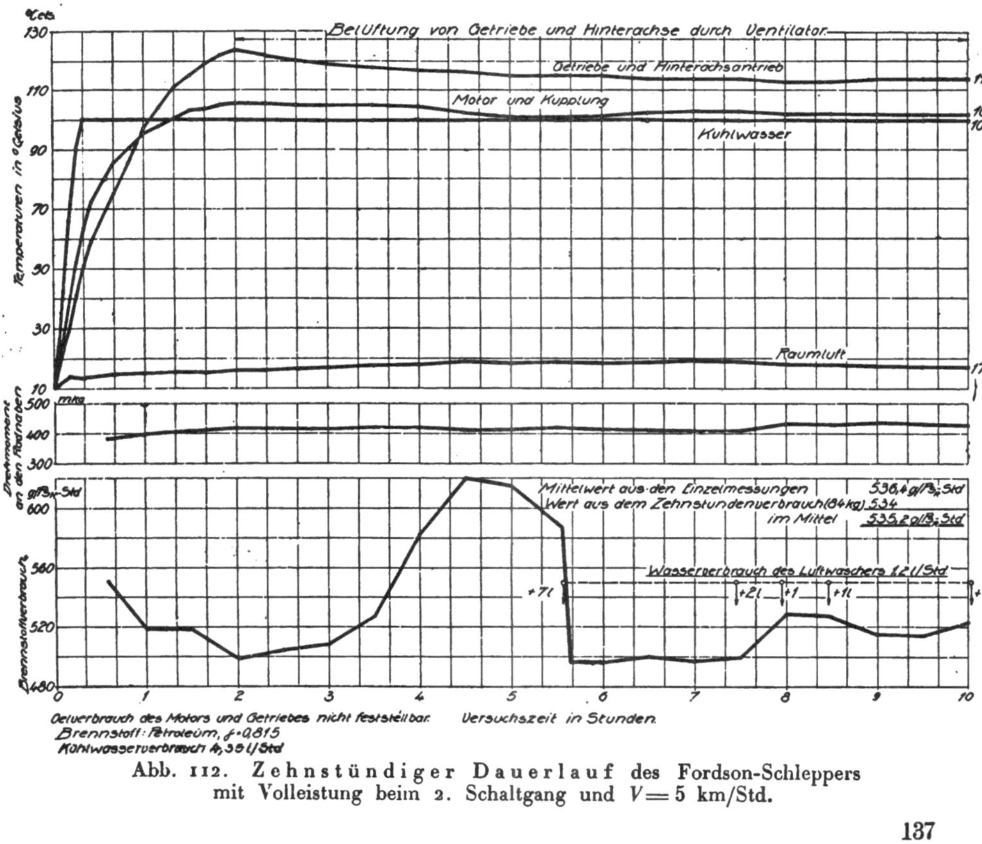

Abb. 112. Zehnstündiger Dauerlauf des Fordson-Schleppers mit Volleistung beim 2. Schaltgang und $V = 5$ km/Std.

Meßwerte aus dem 10 stündigen Dauerlauf mit 2. Gang, 5 km/Std. Fahrgeschwindigkeit, Vollleistung und Betrieb mit Petroleum (Abb. 112).

Das Drehmoment an den Radnaben betrug im Mittel 415 mkg. Der Brennstoffverbrauch ist stark von dem Wasserstand im Luftwascher abhängig. Der Wasserverbrauch des Luftwaschers beträgt 1,2 kg/Std. Um den Einfluß des Wasserstandes im Luftwascher auf Motorlauf und Brennstoffverbrauch festzustellen, wurde im Verlauf der ersten Versuchsstunden das verbrauchte Wasser nicht ergänzt. Der Brennstoffverbrauch stieg nach Verbrauch des Wassers bis auf 620 g je PS Radnabenleistung und Std. und sank nach Auffüllen des Luftwaschers wieder auf den normalen Betrag von 500 g.

Die Öltemperatur im Motor und in der Kupplung war 102 bis 105° C von der 2. Stunde ab.

Die Öltemperatur im Getriebe und im Schneckentrieb erreichte nach zwei Stunden 124° C und wurde im Verlauf der weiteren Versuchsstunden durch Belüftung mit einem Ventilator auf 114° C gehalten.

Im Motor und Getriebe wurden nach dem 10 Stundenlauf die gleichen Ölmengen wie zu Beginn gemessen. In das Motorschmieröl ist wahrscheinlich eine dem Ölverbrauch entsprechende Menge Petroleum eingetreten. Die Kühlwassertemperatur erreichte nach 20 Minuten 100° C. Der Verbrauch an Kühlwasser betrug 4,35 kg/Std.

Motorleistung und Brennstoffausnutzung im Motor.

Nach Abb. 113 beträgt die Höchstleistung:

21,9 PS mit Petroleum bei 1360 Umdr./Min.,

20,4 PS mit Benzol bei 1060 Umdr./Min. und gleicher Vergasereinstellung,

23,6 PS mit Benzol bei 1450 Umdr./Min., wenn der Vergaser für Benzol besonders einreguliert wird.

Der Brennstoffverbrauch (Abb. 113) beträgt bei angeschlossenem Luftwascher 360 bis 420 g Petroleum je PS Std., bei ausgebautem Luftwascher 350 bis 400 g Petroleum je Motor-PS Std. Leistung und Brennstoffverbrauch sind daher durch den Anschluß des Luftwaschers nicht wesentlich beeinflußt.

Bei Teilbelastungen (Drosselung) des Motors unter 50 % steigt der Brennstoffverbrauch erheblich (Abb. 114).

Die abgeführte Kühlwasserwärme im Betrieb mit Petroleum und Benzol ist in Abb. 115 und 116 dargestellt.

Hiernach sind bei Volleistung 760 WE./PS Std. im Betriebe mit Petroleum und 540 WE./PS Std. im Betrieb mit Benzol abzuführen.

Die Temperaturen im Saugrohr und Abgasrohr, welche an den in Abb. 104 gekennzeichneten Stellen gemessen wurden, sind in

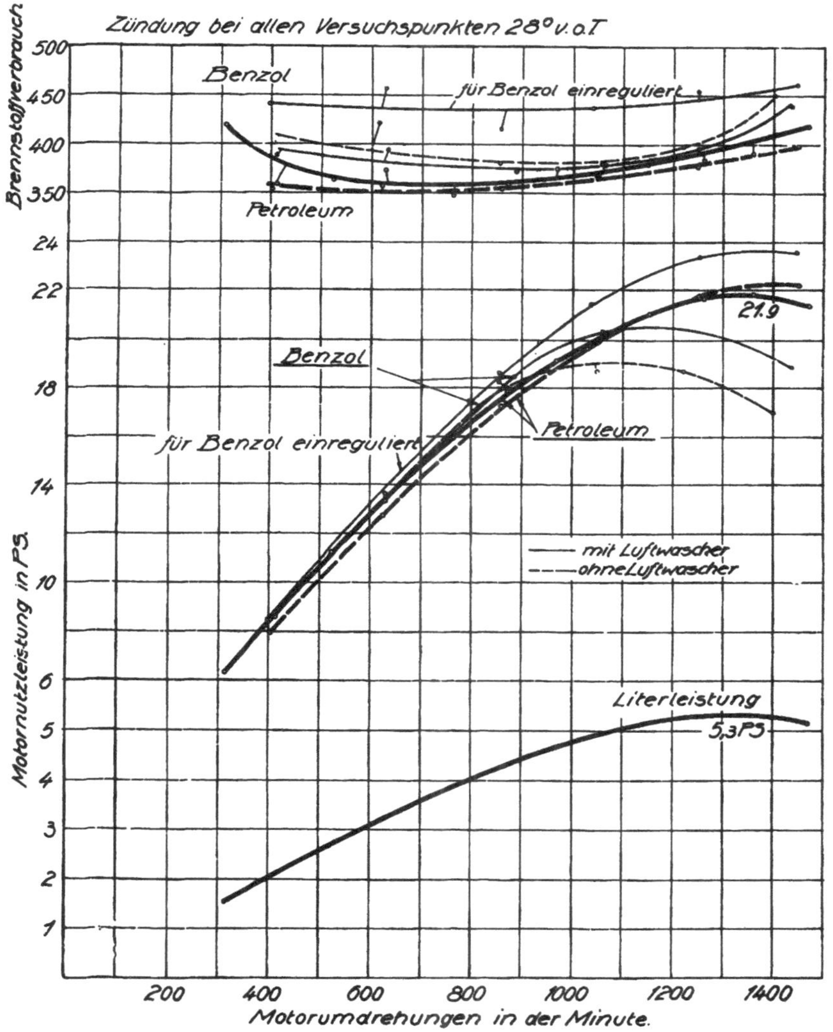

Abb. 113. Motornutzleistung und Brennstoffverbrauch des Fordson-Schleppermotors.

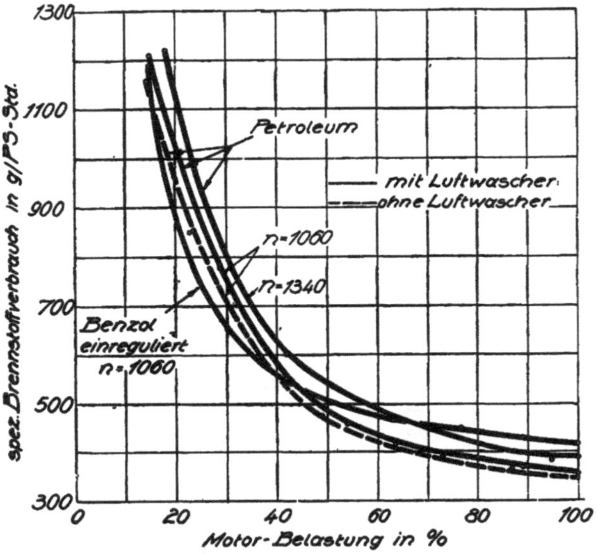

Abb. 114. Spezifischer Brennstoffverbrauch des Fordson-Schleppermotors bei Drosselleistungen.

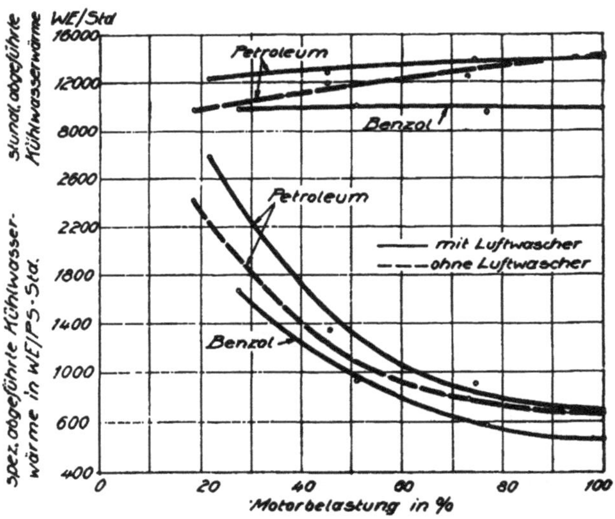

Abb. 115. Abgeführte Kühlwasserwärme des Fordson-Schleppermotors bei verschiedener Belastung und $n = 1060$ Umdr./Min.

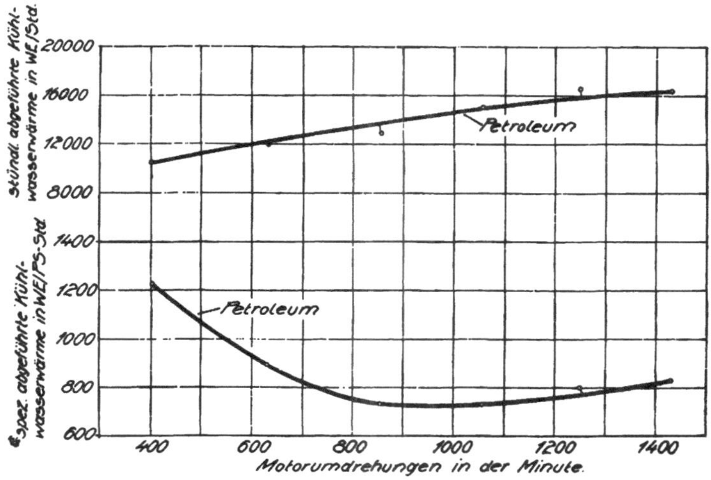

Abb. 116. Abgeführte Kühlwasserwärme des Fordson-Schleppermotors bei voller Belastung. Betrieb mit Luftwascher.

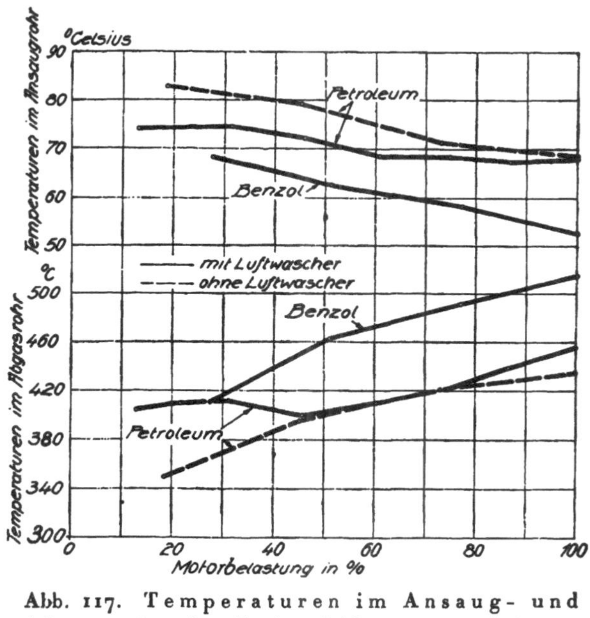

Abb. 117. Temperaturen im Ansaug- und Abgasrohr des Fordson-Schleppermotors bei verschiedener Motorbelastung und $n = 1060$ Umdr./Min. Raumtemperatur 25° C.

Abb. 118. Temperaturabfall des Gemisches im Vergaser des Fordson-Schleppermotors bei verschiedener Motorbelastung und $n = 1060$ Umdr./Min. Raumtemperatur 25° C.

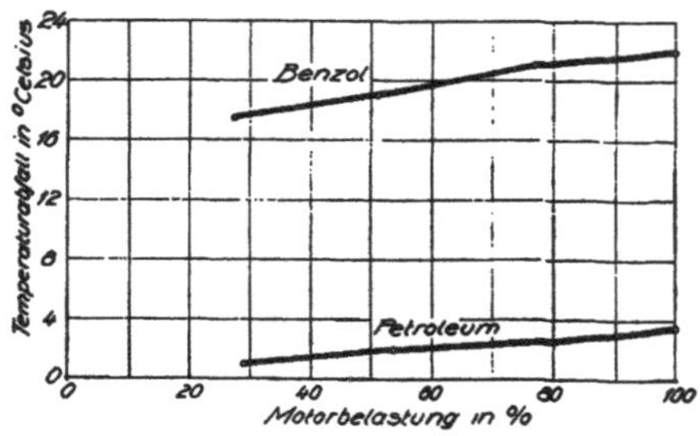

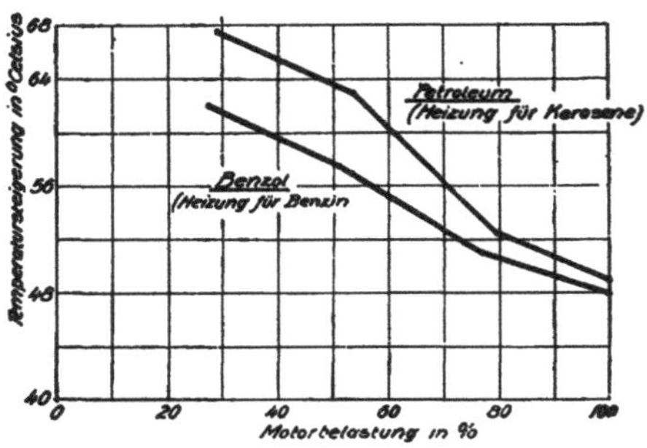

Abb. 119. Temperatursteigerung des Gemisches durch Vorwärmung des Ansaugrohres des Fordson-Schleppermotors bei verschiedener Motorbelastung und $n = 1060$ Umdr./Min.

Abb. 117 aufgetragen. Hiernach wird das Petroleumluftgemisch im Saugrohr für alle Belastungen auf 70 bis 83° C vorgewärmt. Die Vorwärmung des Benzolluftgemisches beträgt 53° C bei Vollast und steigt mit abnehmender Motorbelastung bis auf 68° C. Die Abgastemperaturen bei Vollast sind 515° C bei Benzolbetrieb und 430 bis 455° C bei Petroleumbetrieb.

Während die Temperatur im Vergaser zwischen den Meßstellen 1 und 2 in Abb. 104 infolge der der Luft entzogenen Verdampfungswärme bei Benzol um 18 bis 22° C, bei Petroleum um 2 bis 3,5° C abfällt (Abb. 118), erhöht die Saugrohrvorwärmung die Brennstoffgemischtemperaturen hinter dem Vergaser zwischen den Meßstellen 2 und 3 um 48 bis 62° C bei Benzol und um 49 bis 68° C bei Petroleum (Abb. 119) und zwar stärker mit abnehmender Motorbelastung.

Cletrac-Raupenschlepper

Modell K, der Cleveland Tractor Co., Cleveland, Ohio, U. S. A.

Abb. 120. Cletrac-Raupenschlepper.

Bauart (Abb. 120).

Motor, Kühler und Brennstoffbehälter sind auf einem Rahmen aus normalen U-Profilen montiert. Das rückwärtige Rahmenende wird vom Gehäuse des Getriebes gebildet.

Jedes Raupenlaufwerk besteht aus einem Stützrahmen, dem Raupentriebrad, dem vorderen Führungsrad und der Raupe (Abb. 121, 122 und 123).

Das Raupentriebrad wird durch einen aus dem Getriebegehäuse vorstehenden Wellenstummel freiliegend angetrieben und hat 16 Zähne in der Teilung der Raupe. Das Führungsrad auf dem vorderen Rahmenende läuft auf zwei Kugellagern und hat acht Zähne in doppelter Raupenteilung. Zum Spannen der Raupen sind die Führungsräder nachstellbar.

Abb. 121. Geöffnete Raupe mit Raupenstützrahmen des Cletrac-Schleppers.

Abb. 122. Raupenglieder des Cletrac-Schleppers.

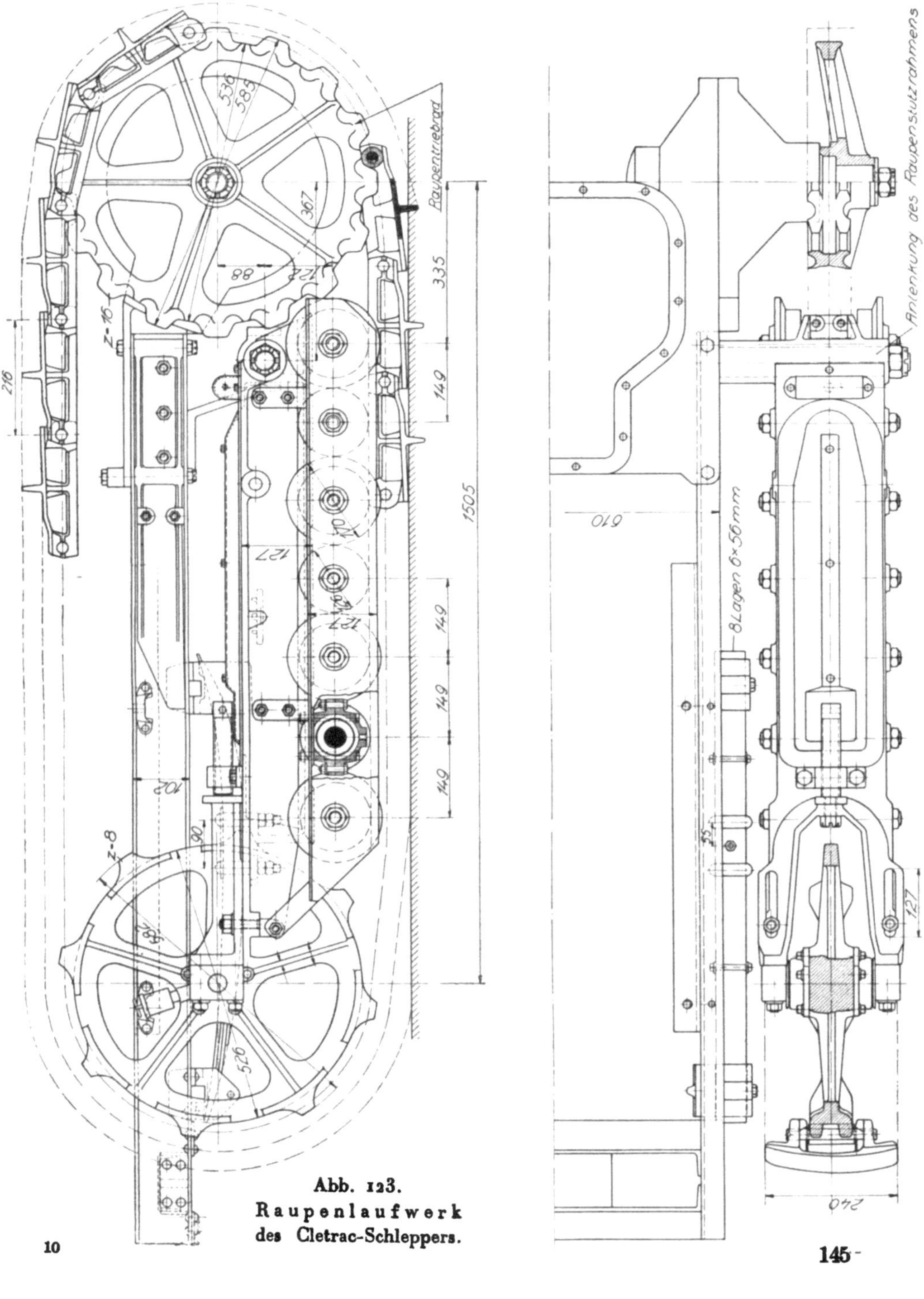

Abb. 123.
Raupenlaufwerk
des Cletrac-Schleppers.

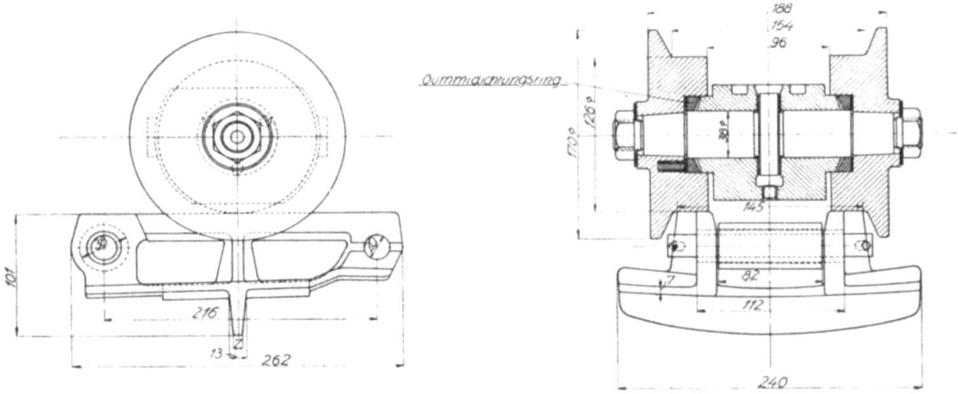

Abb. 124. **Bundrollen und Raupenglieder des Cletrac-Raupenschleppers.**

Abb. 125. Zentralschmierung der Tragrollen in dem Raupenstützrahmen des Cletrac-Schleppers.

Die Raupen haben je 22 Glieder mit 8½ Zoll = 216 mm Teilung. Die Glieder (Abb. 122 und 124) sind in Stahlguß einstückig mit der Bodenplatte gegossen. Die Bodenplatten sind quer zur Fahrtrichtung schwach gewölbt und mit einer 30 mm hohen Querrippe versehen. Der Verbindungsbolzen der einzelnen Glieder hat 19 mm Durchmesser. Die Glieder sind nach der Bauart der Rollenketten miteinander verbunden.

Der gegossene Stützrahmen überträgt das Schleppergewicht durch vier Bundrollen und drei zylindrische Rollen auf das Gleis der Raupen. Die Lager aller Rollen sind gußeiserne Gleitlager und zentral vom Führersitz aus mittels einer gemeinsamen Handpumpe geschmiert (Abb. 125).

Anlenkung der Raupenlaufwerke an den Schlepper.

Das rückwärtige Ende der beiden Stützrahmen ist mit einem Auge (Abb. 121, 123 und 125) auf einem quer durch das Getriebegehäuse gesteckten beiderseits vorstehenden Rundstab von 51 mm Durchmesser aufgesteckt. Der Querstab faßt in seinem mittleren Teil auch den Zughaken des Schleppers. Jedes Raupenlaufwerk kann um den Querstab in einer senkrechten Ebene ausschwenken. Der Querstab als Drehpunkt der Raupenlaufwerke liegt 367 mm vor der Achse der Raupentriebräder, so daß bei der Schwenkbewegung eine geringe Spannungsänderung in den Raupen auftritt.

Das Schleppergewicht wird von dem Anlenkzapfen und von zwei in der Längsrichtung des Schleppers angeordneten Blattfedern auf die Raupenlaufwerke übertragen. Die Blattfedern führen zusätzlich das Raupenlaufwerk. Die gekennzeichnete Anlenkung der Raupenlaufwerke gestattet bei der Fahrt auf unebenem Boden ein vertikales Ausschwenken gegenüber dem Schlepperrumpf um 5°.

Gewichte des Schleppers.

Schlepper, naß	1900 kg
Kühlwasser	18 „
Brennstoff im gefüllten Tank:	
Petroleum	39 „
Benzin	2 „

Einzelgewichte:

Motor mit Öl	320 kg
Luftwascher, trocken	27 „
Wasser im Luftwascher	6 „
Kühler	56 „

Getriebedeckel mit Lenkrad, Schalthebel u. Sitz . .	47 kg
Tank . . . . , , ,	12,5 „
Differential mit Raupentriebradwellen	74 „
Ein Raupentriebrad	40 „
Ein Stützrahmen des Raupenlaufwerkes mit vorderem Führungsrad und Blattfeder	238 „
Eine Raupe	140 „
Zugvorrichtung mit Querstab zur Anlenkung der Raupenlaufwerke	73 „

Abmessungen:

Abstand des Raupentriebrades vom vorderen Führungsrad . . . . 1505 mm + 110 mm Spannweg

Spurweite: Mitte bis Mitte Raupe	990 mm
Größte Länge (über alles)	2700 „
Größte Breite	1230 „
Größte Höhe	1320 „
Bodenfreiheit	190 „

Wenderadius, außen 2,7 m, innen 1,71 m

Auflagefläche und Bodenpressung der Cletrac-Raupen.

Auflagefläche A_g eines Raupengliedes = 415 cm².

Auflagefläche A_t eines unteren Raupentrums auf einer Trumlänge gleich dem Abstande der Raupenräder = 7 Glieder je 415 cm² = 2905 cm².

Auflagefläche A_w der vom Raupenstützrahmen durch die Stützrollen belasteten Glieder einer Raupe = 5 Glieder je 415 cm² = 2075 cm².

Statische Bodenpressungen, p_t = 0,33 kg/cm² in der Auflagefläche A_t des ganzen Trums; p_w = 0,46 kg/cm² in der Auflagefläche A_w der belasteten Glieder.

Die Lenkung geschieht durch Bremsen der einen Antriebsseite der Raupen. Zu dem Zweck ist ein Differential und auf jeder Differentialwelle eine Bremstrommel mit Außenbandbremse vorgesehen (Abb. 126 u. 127). Der größte Lenkradausschlag beträgt je 60° für Rechts- und Linkslenkung.

Durch einen Handhebel können beide Lenkbremsen gleichzeitig betätigt werden und bremsen den Schlepper ab.

Cletrac-Schlepper.

Abb. 126.

Geöffneter Getriebekasten.

Abb. 127. Differential- und Lenkbremstrommeln.

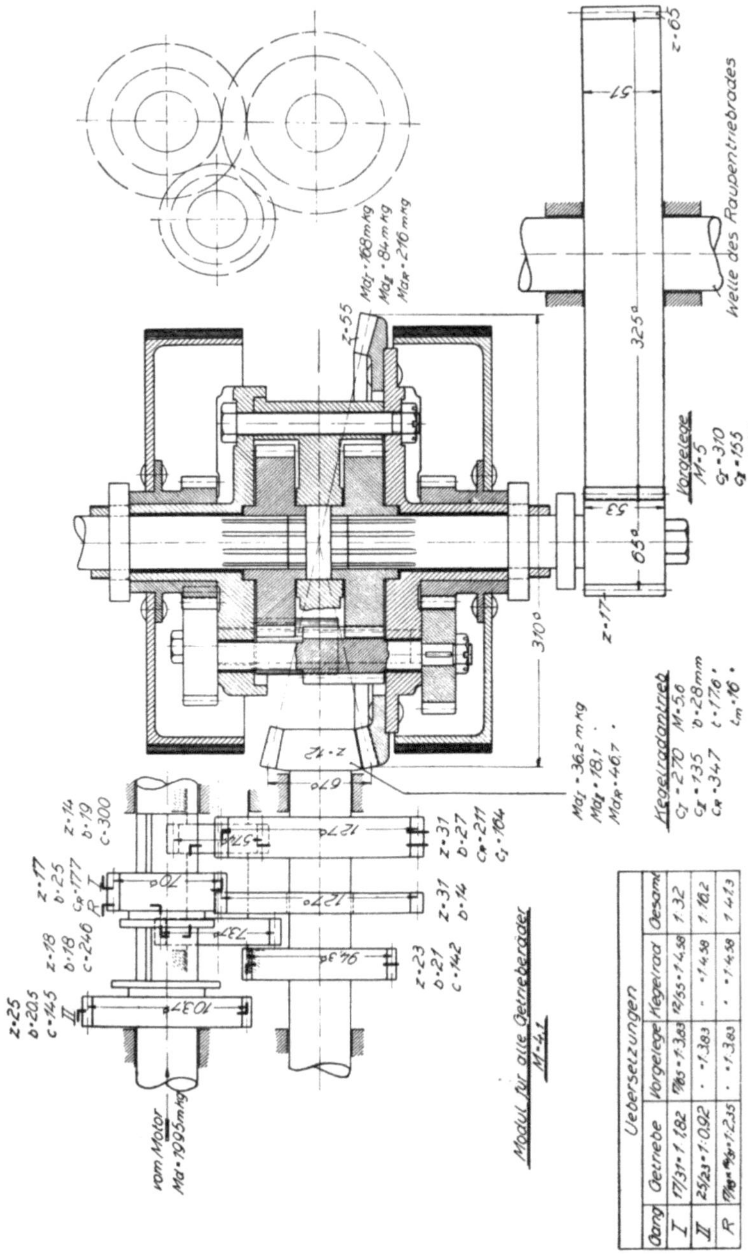

Uebersetzungen				
Gang	Getriebe	Vorgelege	Kegelrad	Gesamt
I	17/31 = 1 : 1,82	17/65 = 1 : 3,83	12/55 = 1 : 4,58	1 : 32
II	25/23 = 1 : 0,92	„ = 1 : 3,83	„ = 1 : 4,58	1 : 16,2
R	17/18 × 14/31 = 1 : 2,35	„ = 1 : 3,83	„ = 1 : 4,58	1 : 41,3

Abb. 128. Triebwerk des Cletrac-Raupenschleppers.

Triebwerk.

Das Wechselgetriebe und der Antrieb der Raupentriebräder sind in einem gemeinsamen Gehäuse untergebracht. Durch Abnehmen des Deckels sind die Triebwerksteile zugänglich (Abb. 126).

Das Getriebe (Abb. 128) hat zwei Vorwärtsgänge und einen Rückwärtsgang. Die Übertragung erfolgt durch Einschieben von Stirnrädern, ein direkter Gang ist nicht vorhanden.

Hinter dem Wechselgetriebe liegt ein Kegelräderantrieb mit Tellerrad auf dem Differentialgehäuse. Die in das Differential eingesteckten Querwellen treiben beiderseits ein Stirnradvorgelege, dessen getriebene Welle auf einem freiliegenden Wellenstummel das Raupentriebrad antreibt.

Die Zahnbelastungen c des Cletrac-Triebwerkes in $P = c \cdot b \cdot t$ sind im Wechselgetriebe: 1. Gang $c_1 = 164$, 2. Gang $c_2 = 145$;
im Kegelräderpaar: $c_1 = 270$, $c_2 = 135$;
in den Vorgelegerädern: $c_1 = 310$, $c_2 = 155$.

Die gesamte Übersetzung zwischen dem Motor und den Raupentriebrädern und die Fahrgeschwindigkeiten ohne Schlupf bei den durch den Regulator begrenzten 1600 Motorumdr./Min. sind:

1. Gang $i_1 = 1 : 32{,}0$; $V = 4{,}0$ km/Std.,
2. Gang $i_2 = 1 : 16{,}2$; $V = 7{,}8$ km/Std.

In dem Stirnraddifferential (Abb. 127) sind drei Paar Ausgleichsstirnräder paarweise miteinander und mit den Stirnrädern der Querwellen im Eingriff.

Die Ausgleichsräder stehen durch fest mit ihnen verbundene außerhalb des Differentialgehäuses liegende Zahnräder mit dem Bremstrommelzahnrad in Eingriff. Bei Blockierung einer Bremstrommel wird die gleichseitige Vorgelegewelle im Verhältnis von 1:0,715 gegenüber der Drehzahl des Differentialgehäuses bzw. des Tellerrades übersetzt. Die Drehzahl der gegenüberliegenden Vorgelegewelle erhöht sich dabei im Verhältnis von 1:1,285. Der Schlepper kann demzufolge nicht auf der Stelle wenden. Aus dem Drehzahlenverhältnis errechnet sich der kleinste Wenderadius mit der Spurweite von 990 mm zu 1,24 m für den Innenkreis und 2,23 m für den Außenkreis.

Die gemessenen wirklichen Wenderadien sind mit 1,71 bzw. 2,7 m etwas größer.

Motor.

Abb. 129. 4 Zylinder im Block, 4″ = 101,6 mm Bohrung, 5½″ = 139,7 mm Hub.

Abb. 129. Motor des Cletrac-Raupenschleppers.

Gesamtes Hubvolumen $H = 4530$ cm³.

Die Ventile sind hängend im Zylinderkopf angeordnet und werden durch Stoßstangen von der auf der rechten Motorseite im Kurbelgehäuse liegenden Nockenwelle betätigt.

Steuerungszeiten:

Einlaß öffnet: 4° n. o. T., schließt: 43° n. u. T.
Auslaß öffnet: 35° v. u. T., schließt: 8° v. o. T.

Ventilhub: 7,2 mm.

Zündung: durch Splitdorf-Magnetapparat mit selbsttätiger Zündpunktverstellung.

Zündzeitpunkt: 14° v. o. T.

Vergaser: 38 mm lichte Weite mit regulierbarer Düsennadel.

Saugrohr und Abgassammelrohr sind zusammengegossen, so daß das Saugrohr kräftig geheizt wird (Abb. 129). Der Motor ist für Betrieb mit Petroleum eingerichtet. Zum Anlassen wird Benzin aus einem kleinen Brennstoffnebenbehälter benutzt.

Die Bauart des Luftwaschers mit Wasserfüllung ist aus Abbildung 130 ersichtlich.

Ein Fliehkraftregler wirkt auf die Drosselklappe zur Leistungsregulierung.

Der Umlauf des Kühlwassers erfolgt durch eine Schleuder-

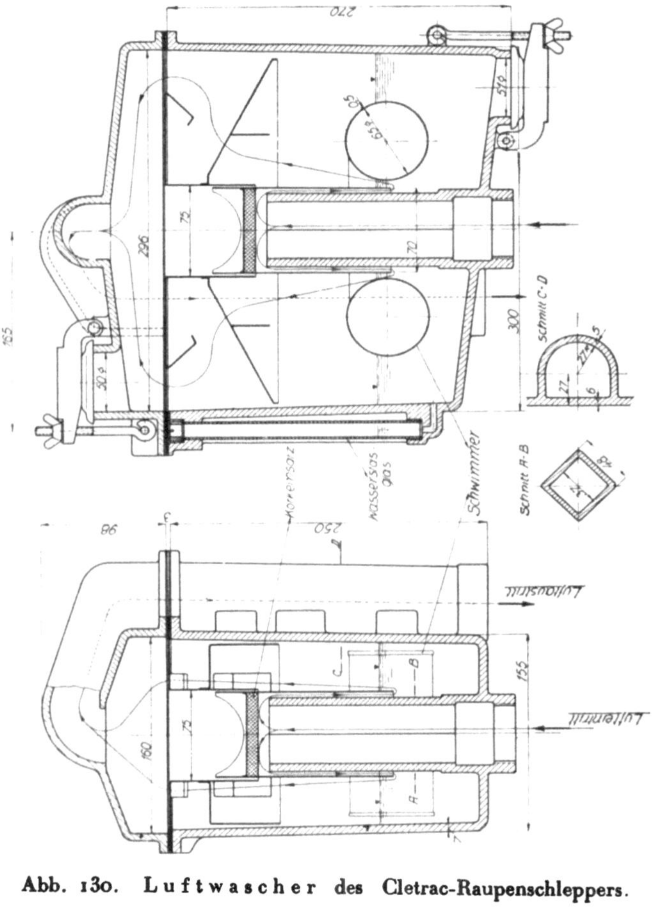

Abb. 130. Luftwascher des Cletrac-Raupenschleppers.

pumpe. Die Stirnfläche des Röhrenkühlers beträgt $490 \times 500 = 2450$ cm² bei 90 mm Blocktiefe.

Die Motorkupplung ist eine Einscheibenkupplung mit Raybestosbelag, Reibungsflächen 248/170 mm Durchmesser.

Flächenbelastung $\frac{U}{F} = 0{,}373$ kg/cm² bei einem Motordrehmoment von 1995 cmkg.

Der Zughaken befindet sich in einer Höhe von 400 mm über dem Erdboden. Er ist an der Schwenkachse für die Laufkettenrahmen federnd angelenkt. Der Abstand von der Achse der Raupentriebräder beträgt 450 mm.

Versuchsergebnisse.

Die gemessenen Volleistungen und der Brennstoffverbrauch sind in Abb. 131 aufgetragen. Die stark ausgezogene Kurve zeigt die Motorleistung bei eingeschaltetem Regulator bei Betrieb mit Petroleum.

Das Drehzahlbereich bei voller Belastung liegt zwischen 500 und 1600 Umdr./Min. Die Höchstleistung beträgt 31,5 PS bei 1520 Umdr./Min. Bei ausgeschaltetem Regulator liegt die Motorleistungskurve höher, weil der Regulator eine volle Öffnungsstellung der Drosselklappe nicht gestattet.

Die Motorhöchstleistung ohne Regulator beträgt 34,7 PS bei 1540 Umdr./Min.

Die Motorleistung bei Betrieb mit Benzin liegt im unteren Drehzahlbereich 3 PS über der Leistung mit Petroleum. Bei höheren Drehzahlen fällt die Leistung infolge zu starker Heizung des Benzinluftgemisches im Saugrohr ab.

Der Motor verbraucht im Betrieb mit Petroleum 295 g/PS-Std. bei 750 Umdr./Min. Bei steigender Drehzahl nimmt der Verbrauch allmählich bis auf 350 g/PS-Std. zu.

Bei abnehmender Motorbelastung bis herab auf 50 % nimmt der Brennstoffverbrauch nur wenig zu (Abb. 132) und beträgt 380 g/PS-Std. bei halber Motorbelastung.

Für Benzin ist der Motor nicht umreguliert worden. Der Benzinverbrauch wurde deshalb und wegen der für Benzin zu hohen Saugrohrheizung als hoch gemessen.

Triebwerksverluste.

Im Triebwerk, vom Motorschwungrad bis zu den Raupentriebrädern gehen 3,1 bis 6 PS beim ersten Schaltgang und 3,7 bis 8,6 PS beim zweiten Schaltgang verloren (Abb. 133).

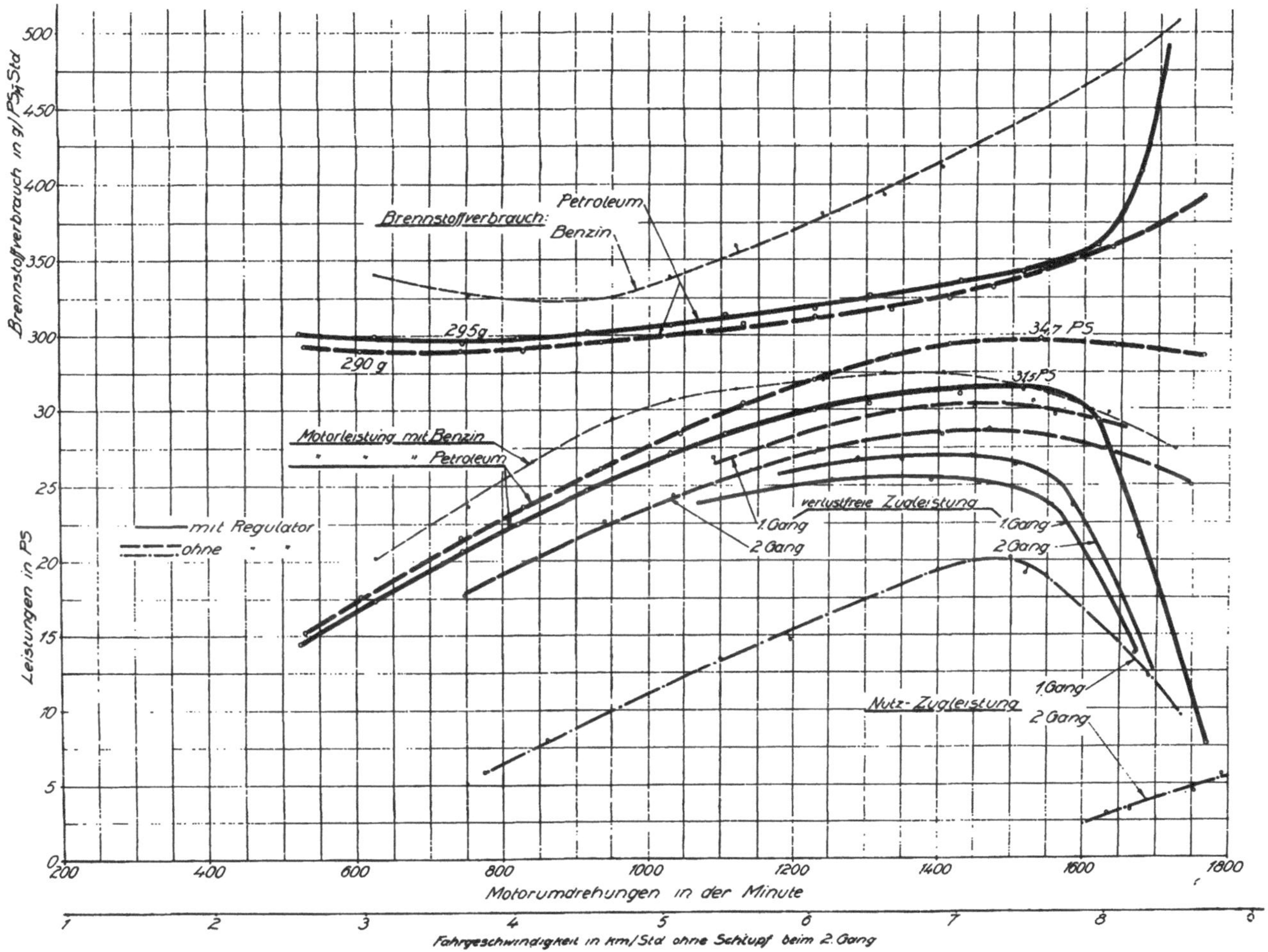

Abb. 131. Leistungen und Brennstoffverbrauch des Cletrac-Raupenschleppers.

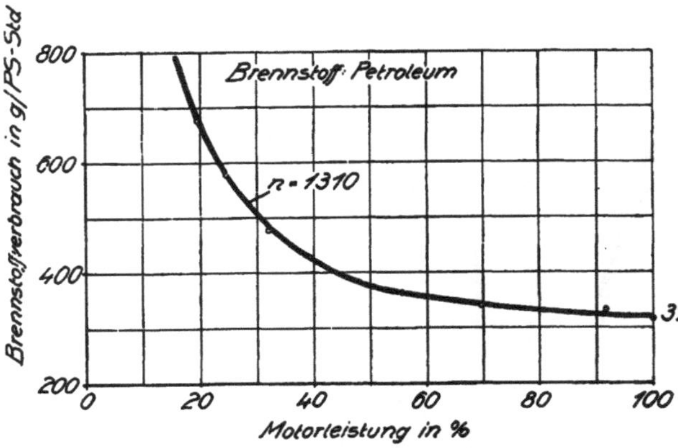

Abb. 132. Spezifischer Brennstoffverbrauch des Cletrac-Schleppermotors bei Drosselleistungen.

Die Triebwerkswirkungsgrade erreichen als Höchstwerte:
88,9 % im 1. Gang und 85,6 % im 2. Gang (Abb. 133).

Zugkräfte und Zugleistungen (Abb. 134).

Die verlustfreien Zugleistungen (Nabenleistungen an den Raupentriebrädern) wurden zu 27 PS beim ersten Gang und zu 25,5 PS beim zweiten Gang gemessen (Abb. 131). Die zugehörigen Motordrehzahlen sind 1350 Umdr./Min., die entsprechenden Fahrgeschwindigkeiten ohne Schlupf 3,4 km/Std. im ersten Gang und 6,7 km/Std. im zweiten Gang.

Die zugehörigen verlustfreien Zugkräfte sind: 3860 kg im ersten Gang, 1015 kg im zweiten Gang.

Die Nutzzugkräfte sind stark abhängig von der Art und Beschaffenheit des Bodens. Die Schleppversuche auf dem lockeren, sehr leichten und sandigen Boden der Tiergartenreitwege Berlins geben sehr ungünstige Arbeitsbedingungen, weil der Haftwiderstand des Bodens sehr gering ist. Diese Erschwerung gibt aber wertvolle Aufschlüsse über das Zugvermögen der Laufwerksbauarten.

Wie Abb. 134 zeigt, betrugen die gemessenen Nutzzugleistungen:
6 PS bei 3,2 km/Std. und 20,0 PS bei 7,0 km/Std. im zweiten Gang.
3 PS bei 2,0 km/Std. und 10,2 PS bei 4,5 km/Std. im ersten Gang.

Die entsprechenden Nutzzugkräfte sind:

600 bis 785 kg und 400 bis 610 kg.

Bei den höchsten Motorleistungen begannen die Raupen zu mahlen. Die Zugleistungen fielen dabei sehr stark ab.

Schlupf.

Die Größe der Nutzzugkräfte ist vom Schlupf entscheidend abhängig. Abb. 135 zeigt den Schlupf in Abhängigkeit von den Nutzzugkräften.

Bei 400 kg Nutzzugkraft war der Schlupf 4 %, bei 785 kg 16 %. Sobald der Schlupf über 16 % steigt, sinkt die Zugkraft, die Mehrleistung des Schleppers geht in Schlupfarbeit nutzlos verloren und drückt den Wirkungsgrad des Laufwerkes stark herab.

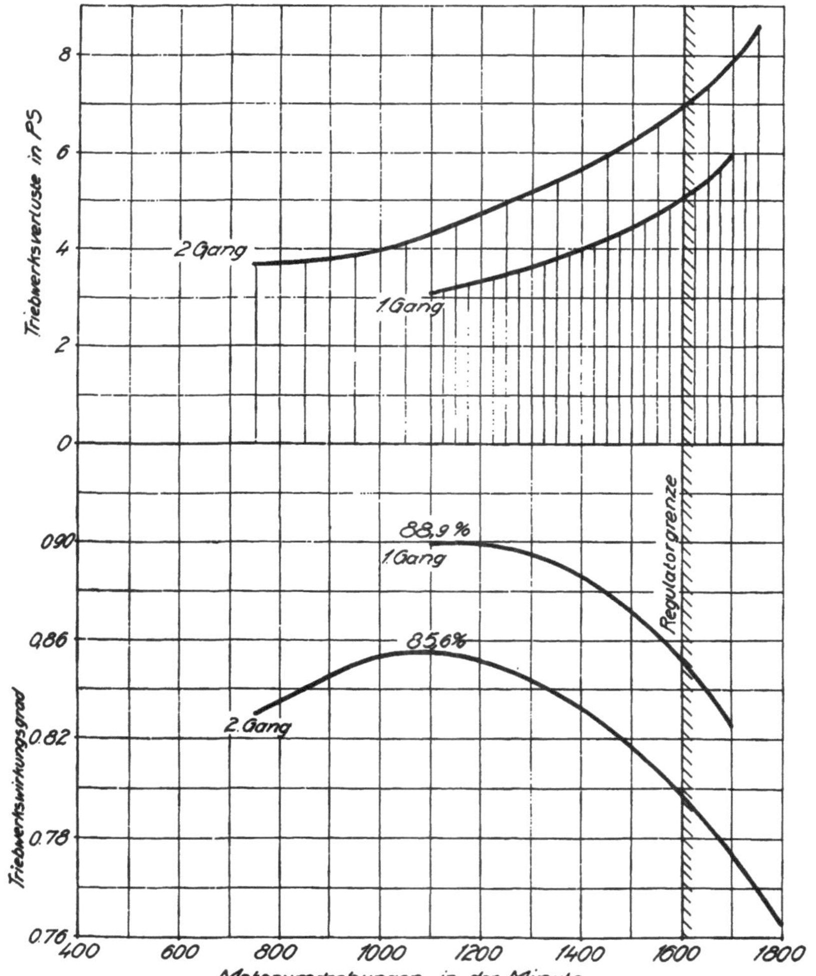

Abb. 133. Triebwerksverluste und Triebwerkswirkungsgrade des Cletrac-Raupenschleppers.

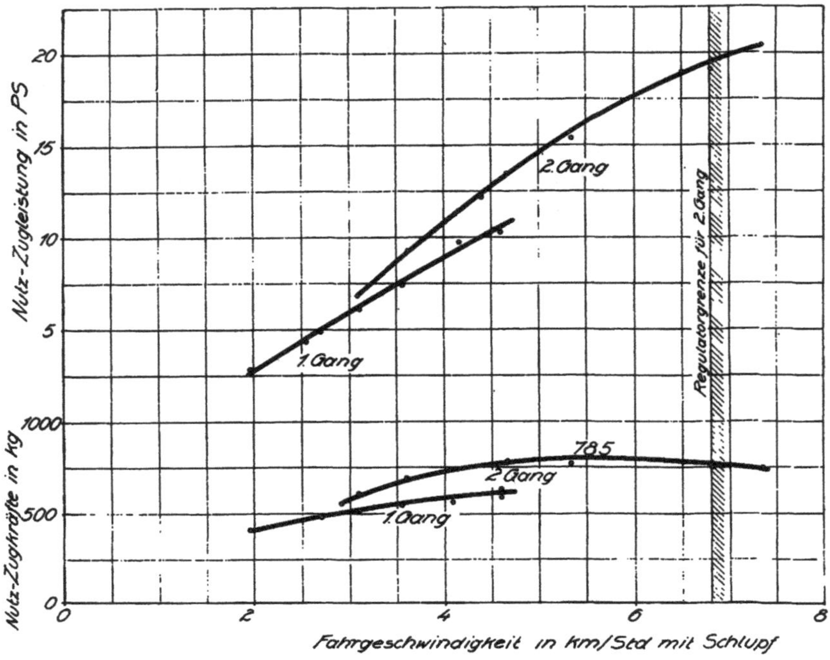

Abb. 134. Zugleistungen und Zugkräfte des Cletrac-Raupenschleppers auf lockerem sandigem Boden.

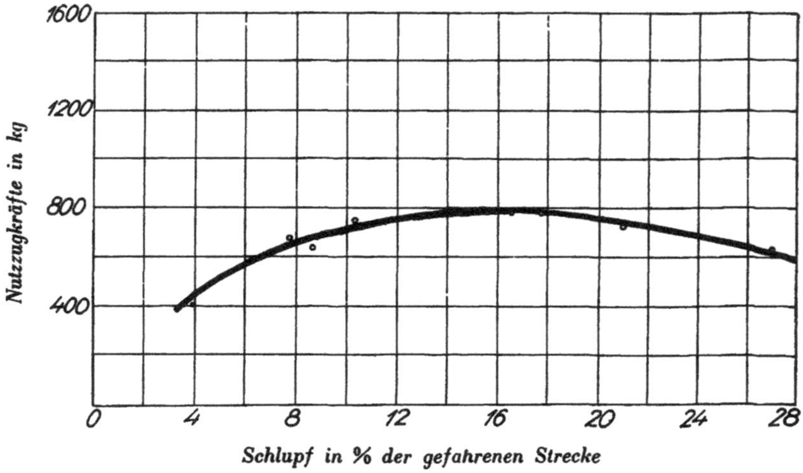

Abb. 135. Schlupf des Cletrac-Raupenschleppers. Versuchsstrecke: Reitweg Tiergarten, lockerer sandiger Boden.

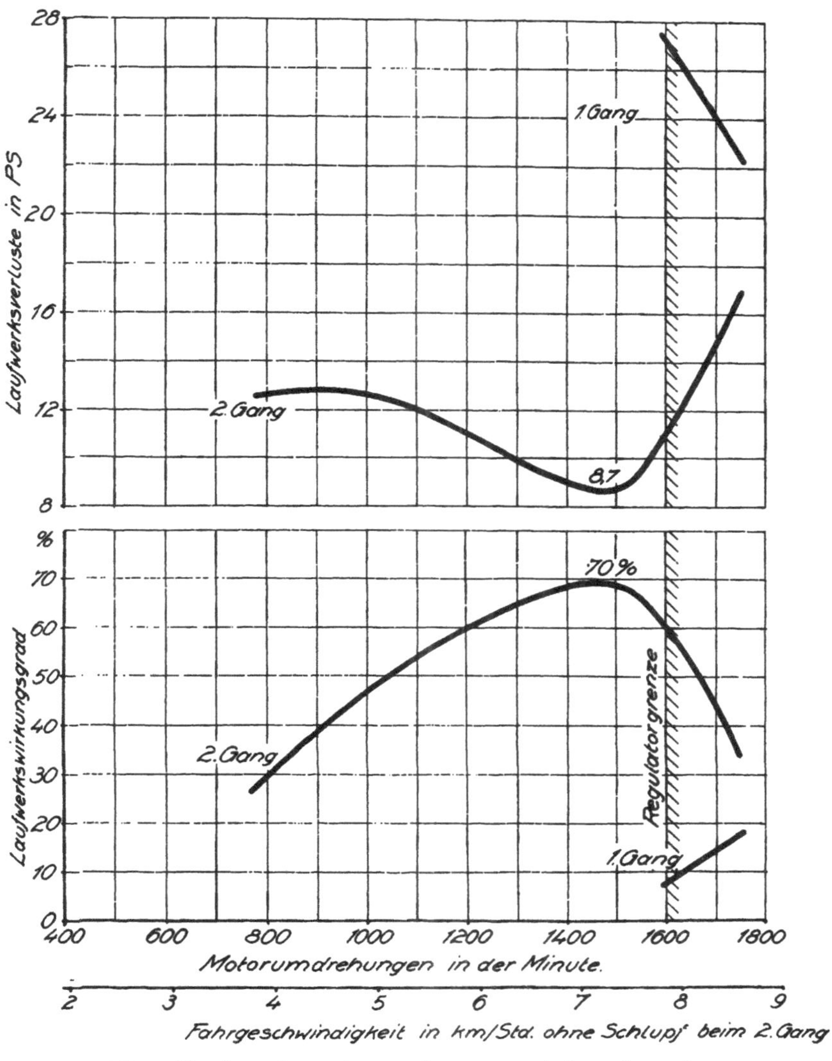

Abb. 136. Laufwerksverluste und Laufwerkswirkungsgrade des Cletrac-Raupenschleppers auf lockerem Sandboden.

Die Verluste im Raupenlaufwerk (Abb. 136) bei vollen Motorleistungen und zweitem Gang sind 12,8 PS bei 900 Motorumdrehungen (4,45 km/Std.) und nehmen auf 8,7 PS bei 1500 Umdrehungen (7,44 km/Std.) ab. Diese Verbesserung mit zunehmender Fahrgeschwindigkeit ist die Folge des abnehmenden Schlupfes. Über 1500 Motorumdrehungen steigen die Verluste rasch an und zwar steigen die Eigenverluste in den Raupenlaufwerken bei Überschreitung von 7,5 km/Std. Fahrgeschwindigkeit erheblich, die Raupen laufen in diesem Fahrbereich sehr unruhig.

Mit dem geringsten Verlust von 8,7 PS bei 7,44 km/Std. erreicht der Wirkungsgrad des Raupenlaufwerkes seinen Höchstwert von 70 %.

Da der Regulator die Motordrehzahl mit 1600 Umdr./Min. begrenzt, arbeitet der Schlepper im zweiten Gang unter dem Einfluß der Regulatorregulierung im Bereich des höchsten Wirkungsgrades. Beim ersten Gang waren die verfügbaren Antriebsleistungen wegen des geringen Haftvermögens auf dem sandigen Versuchsboden nicht ausnutzbar. Infolge des hohen Schlupfes bei voller Motorleistung geht fast die gesamte Antriebsleistung in Schlupfarbeit verloren und der Wirkungsgrad des Laufwerkes sinkt unter 20 %.

Mit der gemessenen größten Nutzzugkraft von 785 kg und dem Gewicht des betriebsfertigen Schleppers von 1900 kg ist die

Bodenadhäsion der Cletrac-Raupe = 0,41

des Schleppergewichtes auf sandigem lockerem Boden.

Die Fahreigenschaften des Schleppers auf dem Acker sind gut. Die Raupenglieder haben günstige Form. Der Schwerpunkt des Schleppers liegt weit vorne und zwar 820 mm vor der Achse der Raupentriebräder bei 1525 mm Abstand der Raupenräder. Die Gewichtskomponenten, auf die Raupenradachsen bezogen, sind 1925 kg vorne und 875 kg hinten. Infolge dieser stärkeren Vorderbelastung richtet sich die Raupe bei voller Motorleistung nur wenig auf und behält daher auch in Fahrt fast vollkommen ihre ganze Auflagefläche auf dem Boden.

Aus den Meßwerten ergibt sich der Petroleumverbrauch des Cletrac-Raupenschleppers beim zweiten Gang und bei 6,5 km/Std. Fahrgeschwindigkeit mit Schlupf zu

2,30 kg Petroleum je Nutzzugtonnenkilometer.

Mit 0,26 M./kg Petroleum kostet der für einen Nutzzugtonnenkilometer verbrauchte Brennstoff 0,60 M.

2 Ton Holt-Raupenschlepper
der Caterpillar Tractor Co. in Peoria, Ill., U. S. A.

Abb. 137. 2 Ton Holt-Raupenschlepper.

Bauart (Abb. 137).

Der Motor ist von der Holt Manuf. Co., Peoria, gebaut. Motor, Getriebe und Raupenräderantrieb sind zu einem Block vereinigt und ersetzen zugleich den Rahmen.

Jedes der beiden Raupenlaufwerke besteht aus dem Raupentriebrad, welches auf einer aus dem Getriebegehäuse vorstehenden Querwelle sitzt, dem vorderen Führungsrad, dem Stützrahmen und der Raupe (Abb. 138, 139 u. 140).

Jede Raupe hat 29 Glieder mit 6″ = 152,4 mm Teilung. Die Glieder (Abb. 139 u. 141) sind in Stahlguß einstückig mit der Bodenplatte gegossen. Die Bodenplatte ist rinnenförmig quer zur Fahrtrichtung und mit einem 42 mm hohen Quersteg versehen. Die Glieder sind durch Bolzen von 1 1/8″ = 28,6 mm Durchmesser verbunden, welche in eingepreßten Stahlbüchsen laufen. Der Bolzen ist durch Vierkantkopf gegen Verdrehen und durch vorgesteckten Splint gegen Herausfallen gesichert.

Abb. 138. Geöffnete Raupe und Raupenstützrahmen des Holt-Raupenschleppers.

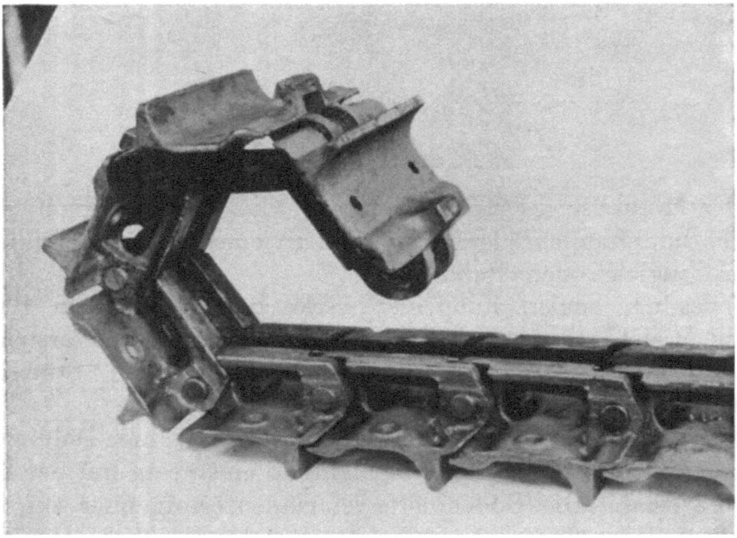

Abb. 139. Raupenglieder des Holt-Raupenschleppers.

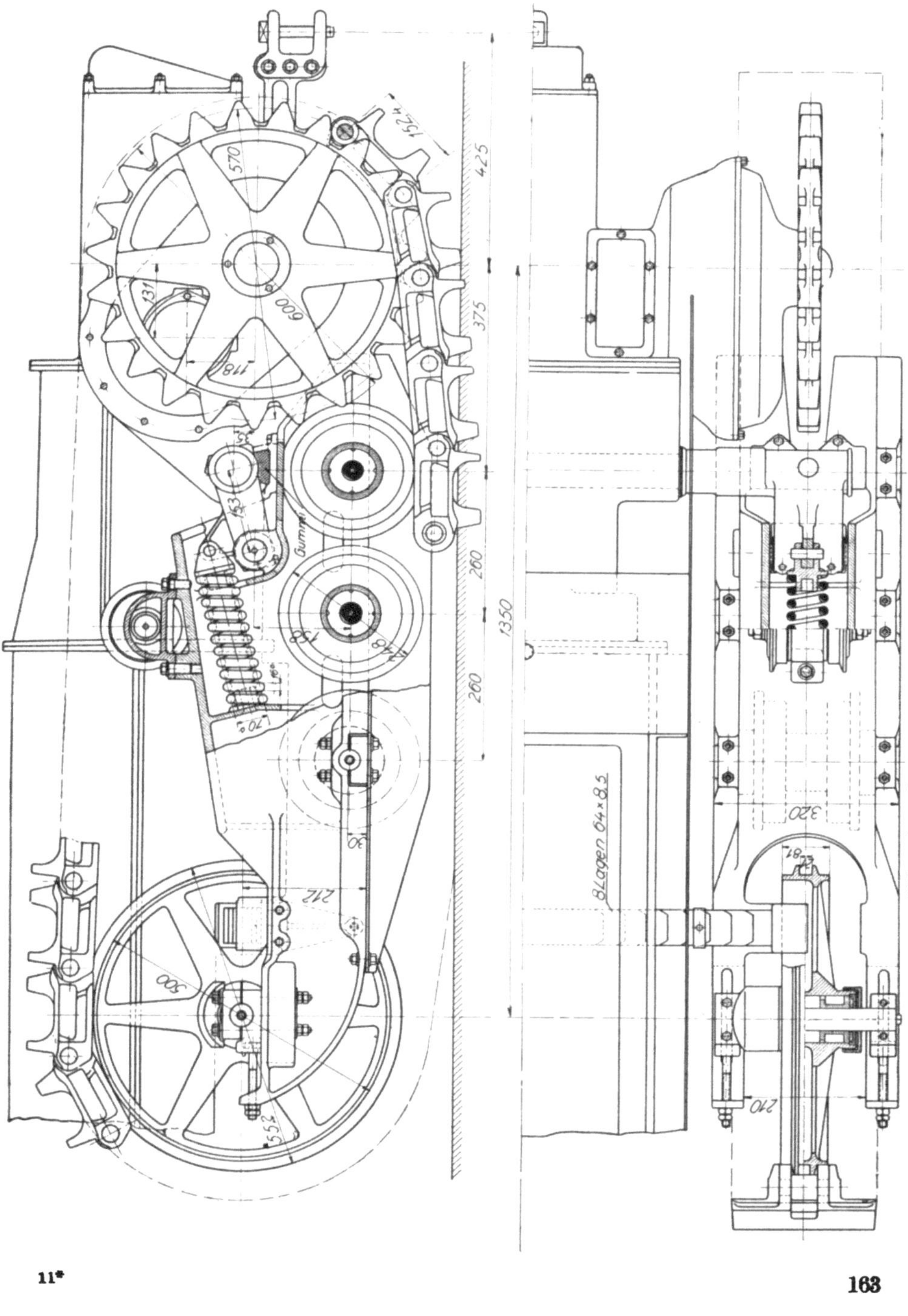

Abb. 140. Raupenlaufwerk des Holt-Raupenschleppers.

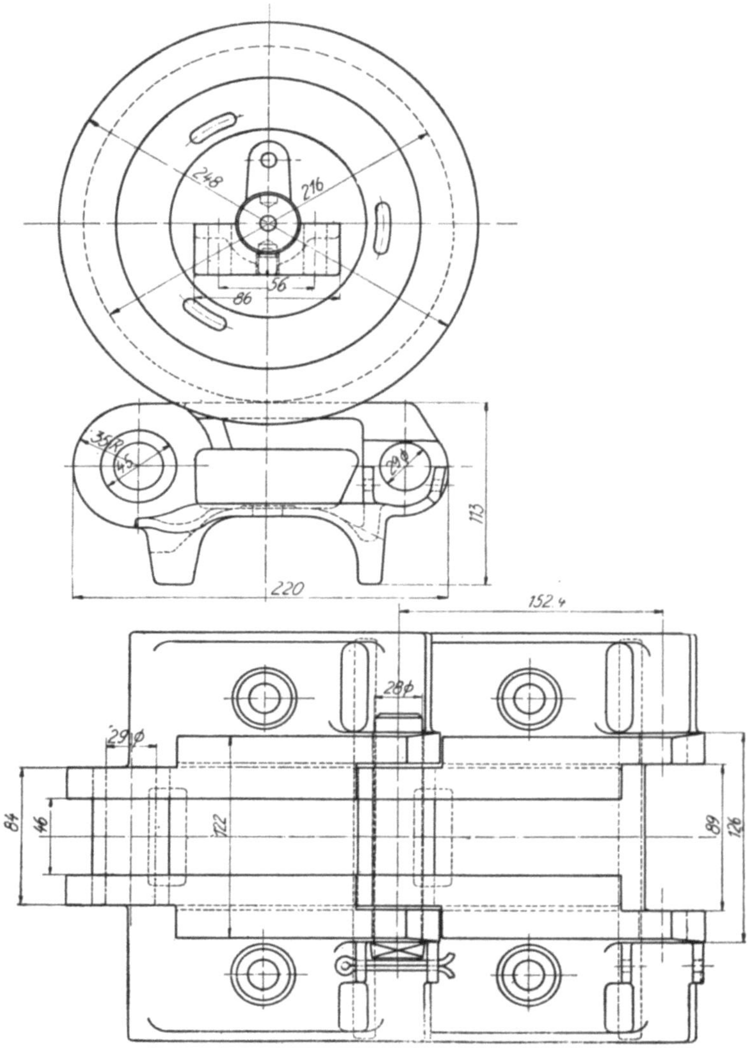

Abb. 141. **Bundrolle und Raupenglieder** des Holt-Raupenschleppers.

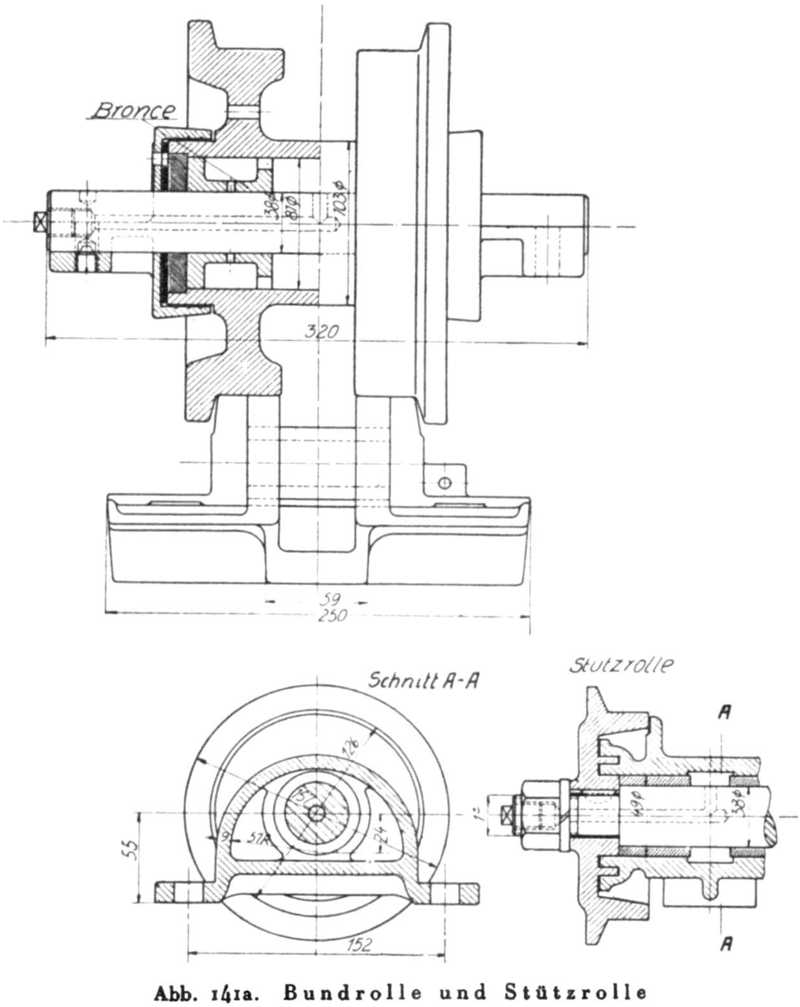

Abb. 141a. Bundrolle und Stützrolle des Holt-Raupenschleppers.

Das Raupentriebrad aus Stahlguß hat 23 Zähne in der Raupenteilung. Die Triebradwelle ist im Getriebegehäuse auf Kugellagern gelagert. Das vordere Führungsrad aus Stahlguß ist unverzahnt, führt die Raupe durch einen inneren Felgenbund und ist nachspannbar auf dem vorderen Ende des Stützrahmens gelagert. Die gegossenen Stützrahmen übertragen das Schleppergewicht durch je drei Bundrollen auf die Gleise der Raupen. Die Bundrollen sind in Bronzegleitlagern gelagert, welche von einer großen Ölkammer umschlossen sind.

Das obere Trum der Raupe wird durch eine auf dem Stützrahmen befestigte Rolle gestützt, die das Durchschwingen der Raupe bei höheren Fahrgeschwindigkeiten verhindert.

Anlenkung der Raupenlaufwerke an dem Schlepper.

Die beiden Raupenstützrahmen sind an ihren rückwärtigen Enden in Queraugen auf Zapfen am Getriebegehäuse angelenkt (Abbildung 140). Dieser Anlenkungspunkt liegt 375 mm vor der Achse der Raupentriebräder, so daß eine geringe Spannungsänderung der Raupe bei den Schwenkbewegungen der Raupenlaufwerke auftritt. Gegenüber der an sich mit Cletrac gleichartigen Anlenkung ist das Querauge beim Holt an einem Kniehebel angeordnet, welcher unter starkem Federdruck liegt. Diese Anordnung gestattet dem Stützrahmen außer der Schwenkbewegung eine Abwärtsbewegung des rückwärtigen Stützrahmenendes gegenüber dem Anlenkungspunkt.

Das Schleppergewicht wird von dem Anlenkungszapfen und einer vorderen quer angeordneten Blattfeder (65 mm breit, 8 Lagen je 8,5 mm stark, 910 mm Länge) auf die Raupenlaufwerke übertragen. Jedes Raupenlaufwerk kann um 10 Grad zum Schlepperrumpf aus der Stellung in der Ebene ausschwenken.

Der Antrieb hat kein Differential.

Für die Lenkung des Schleppers sind an jedem Ende der Tellerradwelle der Kegelräderübersetzung je eine Mehrplattenkupplung als Lenkkupplung vorgesehen, welche die zum Vorgelege der Raupentriebräder führenden Querwellen mit der Tellerradwelle kuppeln. Bei Geradeausfahrt sind beide Kupplungen eingeschaltet und übertragen je das halbe Drehmoment. Bei Kurvenfahrt wird die innere Seite ausgekuppelt und der getriebene Teil dieser Kupplung gebremst. Das ganze Drehmoment belastet die andere Kupplung mit Raupenantrieb. Das Entkuppeln und Bremsen der Lenkkupplungen erfolgt getrennt durch Hebellenker mit Zahnstangenübersetzung und durch Fußhebel. Durch gleichzeitige Betätigung der beiden nebeneinanderliegenden Fußhebel für die Kupplungsbremsen wird der Schlepper gebremst.

Jede Lenkkupplung hat zehn treibende und elf getriebene Stahllamellen (Abb. 142).

Die Flächenbelastung bei gleichmäßiger Verteilung des Antriebsmomentes auf beide Kupplungen ist $\frac{U}{F}$ = 0,22 kg/cm² beim ersten Gang, = 0,16 kg/cm² beim zweiten Gang, = 0,1 kg/cm² beim dritten Gang.

Gewichte des Schleppers.

Schlepper, naß	2350 kg
Wasser im Kühler und Motor	18 „
Brennstoff im gefüllten Tank	52 „

Einzelgewichte:

Holt-Motor mit Kühler, Wasser und Öl	570 kg
Kupplung, Getriebe, Raupenradantrieb, Führersitz mit Bedienungshebeln	580 „
Ein Stützrahmen des Raupenlaufwerkes mit vorderem Führungsrad	255 „
Eine Raupe	220 „
Zwei Luftfilter	40 „
Motorverkleidungsbleche	43 „
Tank	14 „

Abmessungen:

Abstand des Raupentriebrades vom vorderen Führungsrad	1290 mm + 90 mm Spannweg
Spurweite: Mitte bis Mitte Raupe	965 mm
Größte Länge (über alles)	2745 „
Größte Breite	1320 „
Größte Höhe	1345 „
Bodenfreiheit	250 „
Wenderadius, außen	965 „
Wenderadius, innen	0 „

Auflagefläche und Bodenpressung der Holt-Raupen.

Auflagefläche A_g eines Raupengliedes = 390 cm².

Auflagefläche A_t eines unteren Raupentrums auf einer Trumlänge gleich dem Abstande der Raupenräder = 8½ Glieder je 390 cm² = 3310 cm².

Auflagefläche A_w der vom Raupenstützrahmen durch die Stützrollen belasteten Glieder einer Raupe = 4½ Glieder = 1752 cm².

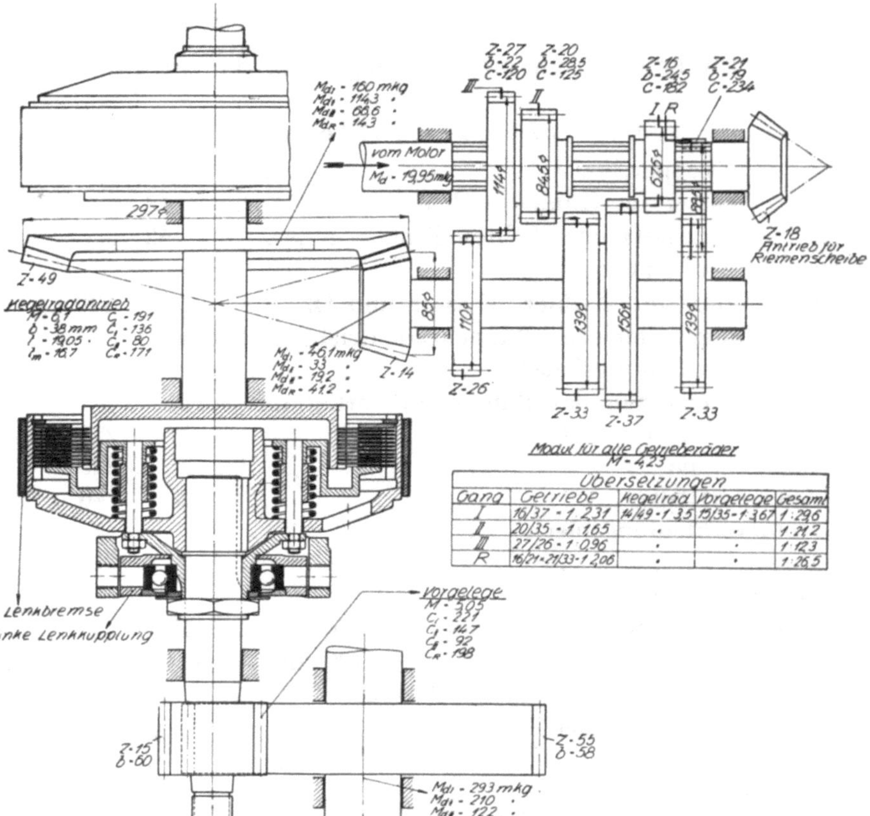

Übersetzungen				
Gang	Getriebe	Kegelrad	Vorgelege	Gesamt
I	16/37 = 1 : 2,31	14/49 = 1 : 3,5	15/35 = 1 : 3,67	1 : 29,6
II	20/35 = 1 : 1,65	"	"	1 : 21,2
III	27/26 = 1 : 0,96	"	"	1 : 12,3
R	16/21 · 21/33 = 1 : 2,06	"	"	1 : 26,5

Abb. 142. Triebwerk des Holt-Raupenschleppers. Getriebe um 90° gedreht.

Statische Bodenpressungen:

p_t = 0,51 kg/cm² in der Auflagefläche A_t eines ganzen Trums,
p_w = 0,96 kg/cm² in der Auflagefläche A_w der belasteten Glieder.

Triebwerk.

Das Wechselgetriebe (Abb. 142) ist mit dem Raupenradantrieb in einem Gehäuse untergebracht, jedoch liegt das Getriebe örtlich hinter dem Raupenräderantrieb und ist mit dem Motor durch eine durchgehende Welle verbunden, welche an ihrem Ende das Kegelrad für den ortsfesten Antrieb trägt. Für den Leerlauf des Motors ist die Motorkupplung in ausgerücktem Zustande feststellbar.

Das Getriebe hat drei Vorwärtsgänge und einen Rückwärtsgang. Die Übertragung von der Hauptwelle zur Nebenwelle erfolgt bei allen Gängen durch verschiebbare Stirnräder. Ein direkter Gang ist nicht vorhanden.

Hinter dem Wechselgetriebe liegt ein Kegelräderpaar, dessen getriebene Welle zu den Stirnradvorgelegen vor den Raupenantriebsrädern führt.

Die Belastungen c der Zahnräder des Holt-Triebwerkes sind:

Wechselgetriebe, 1. Gang $c_1 = 182$,
2. Gang $c_2 = 127$,
3. Gang $c_3 = 120$;

Kegelräderpaar, $c_1 = 191$,
$c_2 = 136$,
$c_3 = 80$;

Triebrädervorgelege, $c_1 = 221$,
$c_2 = 147$,
$c_3 = 92$.

Das Gesamtübersetzungsverhältnis zwischen Motor und Raupenantriebsrädern und die Fahrgeschwindigkeiten ohne Schlupf bei der durch den Regulator begrenzten Motordrehzahl von 1000 minutlich sind:

1. Gang $i_1 = 1 : 29{,}6$; $V = 3{,}6$ km/Std.,
2. Gang $i_2 = 1 : 21{,}2$; $V = 5{,}0$ km/Std.,
3. Gang $i_3 = 1 : 12{,}3$; $V = 8{,}7$ km/Std.

Motor (Abb. 143 und 144).

Vierzylinder im Block, 4 Zoll = 101,6 mm Bohrung, 5½ Zoll = 139,7 mm Hub. Gesamtes Hubvolumen $H = 4530$ cm³.

Die im Zylinderkopf schräg hängenden Ventile werden durch Schwinghebel von einer über der Mitte des Zylinderkopfes liegenden

Abb. 143. Motor des Holt-Raupenschleppers.

Nockenwelle durch einen gemeinsamen Nocken gesteuert. Der Antrieb der Nockenwelle erfolgt durch übereinanderliegende Stirnräder mit Schrägverzahnung an der Vorderseite des Motors.

Steuerungszeiten.

Einlaß öffnet 18° n. o. T., schließt 65° n. u. T.
Auslaß öffnet 30° v. u. T., schließt 18° n. o. T.

Größte Vorzündung 16° v. o. T. mit 30° Nachverstellung.

Die Kurbelwelle ist dreimal gelagert. Die Pleuellager haben 57,2 mm Durchmesser und sind 62 mm lang.

Der Vergaser ist ein vertikaler Zenithvergaser mit 32 mm lichter Anschlußweite.

Zur Luftreinigung dienen zwei getrennte Filter, die hintereinander in die Ansaugleitung eingeschaltet sind (Abb. 143 und 145). Die Ansaugluft wird zunächst durch einen „Stromberg" Zentrifugalluftreiniger geführt. Der sich im Boden des Filters ansammelnde Staub wird durch eine Düse mit Hilfe der Auspuffgase abgesaugt. Hiernach strömt die Saugluft durch den vor dem Führersitz befindlichen Kessel, welcher mit ölgetränkten Roßhaaren gefüllt ist. Das lange Rohrleitungssystem hat zusammen mit den Filtern eine starke Drosselwirkung zur Folge, vgl. Versuchsergebnisse.

Das Abgassammelrohr umschließt den senkrechten Teil des Saugrohres zwecks Gemischheizung.

Abb. 144. Ventilantrieb des Holt-Motors.

Der Magnetapparat ist ein *G.* 4 Eisemann mit einer Abschnappkupplung, die bei Motordrehzahlen unter 150 Umdr./Min. in Tätigkeit tritt. Der Zündzeitpunkt ist vom Führersitz aus verstellbar.

Der Fliehkraftregler befindet sich im Nockenwellenantriebsrad und wirkt durch ein Gestänge auf eine Drosselklappe, welche in dem in den Zylinderkopf eingegossenen Teil des Saugrohres angeordnet ist. (Abb. 144). Die von Hand zu bedienende Drosselklappe sitzt im Vergaser.

Der Kühler ist ein Röhrenkühler mit $510 \times 540 = 2750$ cm² Stirnfläche und 85 mm Tiefe. Der Wasserumlauf wird durch eine Schleuderpumpe bewirkt. Der Ventilator wird durch eine Reibungskupplung von den vorn im Motor befindlichen Stirnrädern angetrieben.

Die Motorkupplung hat drei treibende und vier getriebene Stahllamellen. Die getriebenen Lamellen sind mit Ferodoasbest von 267 mm Außendurchmesser und 204 mm Innendurchmesser belegt.

Flächenbelastung $\frac{U}{F} = 0{,}104$ kg/cm² bei vollem Motordrehmoment.

Der Zughaken befindet sich in einer Höhe von 300 mm über dem Boden und in einem Abstand von 440 mm hinter der Achse der Raupentriebräder.

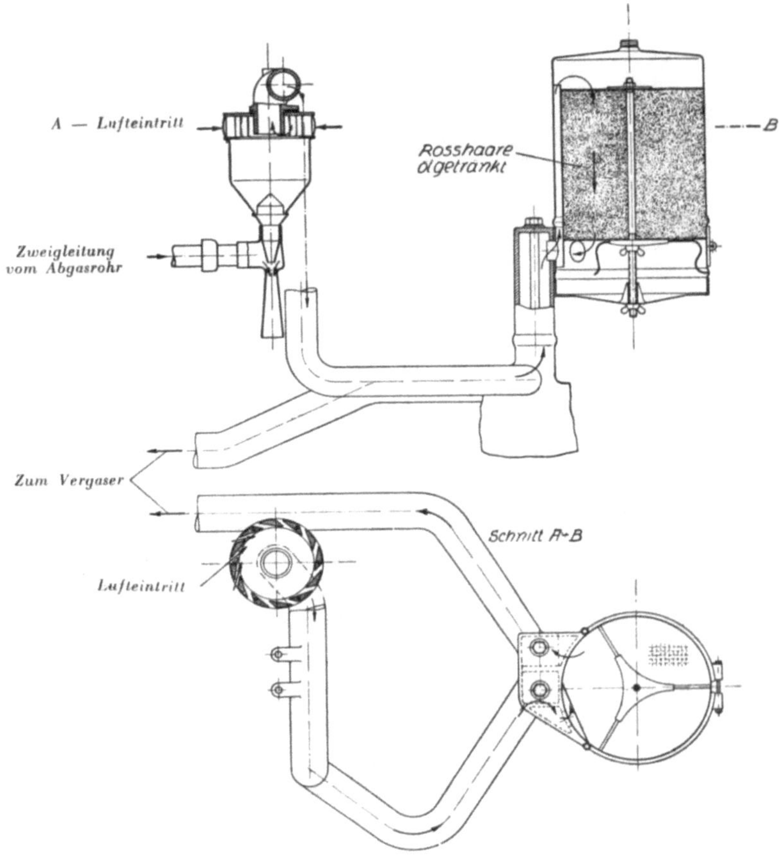

Abb. 145. L u f t r e i n i g e r des Holt-Raupenschleppers.

Versuchsergebnisse.

Wie Abb. 146 zeigt, zieht der Motor von 150 Umdr./Min. ab voll belastet durch und leistet mit Benzin bei 950 Umdr./Min. 24,5 PS als Höchstwert. Bei ausgeschaltetem Regulator steigt die Leistung entsprechend den Werten der gestrichelten Kurve bis auf 27 PS bei 1250 Umdr./Min. an.

Die beiden Luftreiniger und Verbindungsrohre verursachen einen Leistungsabfall von 3 PS bei 1015 Umdr./Min.

Der Benzinverbrauch je PS-Stunde (oberer Teil der Abb. 146) fällt von 425 g/PS-Std. bei 220 Umdr./Min. auf 306 g/PS-Std. bei 950 Umdr./Min. und steigt dann infolge der Drosselung des Regulators an.

Der Brennstoffverbrauch des Motors bei Drosselleistungen und 1030 Umdr./Min. ist in Abb. 147 für verschiedene Leistungsbelastung dargestellt und beträgt bei 100 % Belastung 316 g/PS-Std., bei 50 % Belastung 410 g/PS-Std.

Die Triebwerksverluste (Abb. 148) betragen bei 500 Motorumdrehungen 1,2 PS und steigen bis auf 3 PS bei 1000 Umdr./Min. Die Triebwerkswirkungsgrade sind 91,5 bis 89 % unterhalb der Regulatorgrenze und für alle drei Schaltgänge gleich.

Zugkräfte und Zugleistungen.

Die verlustfreien Zugleistungen (Abb. 146, Nabenleistungen an den Raupentriebrädern) betragen 21 PS bei 920 Motorumdrehungen minutlich und bei allen Schaltgängen.

Die zugehörigen verlustfreien Zugkräfte sind:

1800 kg im 1. Gang,
1215 kg im 2. Gang,
706 kg im 3. Gang.

Die zugehörigen Nutzzugkräfte (Abb. 149) bei 920 Motorumdrehungen beim 2. Gang betragen 660 kg ($V = 4{,}3$ km/Std.), die entsprechende Nutzzugleistung 11,0 PS. Als Höchstwerte wurden bei ausgehängtem Regulator und erhöhten Motordrehzahlen und Fahrgeschwindigkeiten 750 kg bzw. 16,7 PS beim 2. Gang gemessen. Infolge des geringen Haftvermögens der Raupen auf dem lockeren, sandigen Boden des Versuchsfeldes sind die Nutzzugwerte niedrig.

Schlupf (Abb. 150).

Bei 400 kg Nutzzugkraft betrug der Schlupf 4,7 %, bei 750 kg 12 %. Zwischen 12 bis 16 % bleibt die Nutzzugkraft konstant, die aufgewendete Mehrleistung deckt die höhere Schlupfarbeit ohne Gewinn

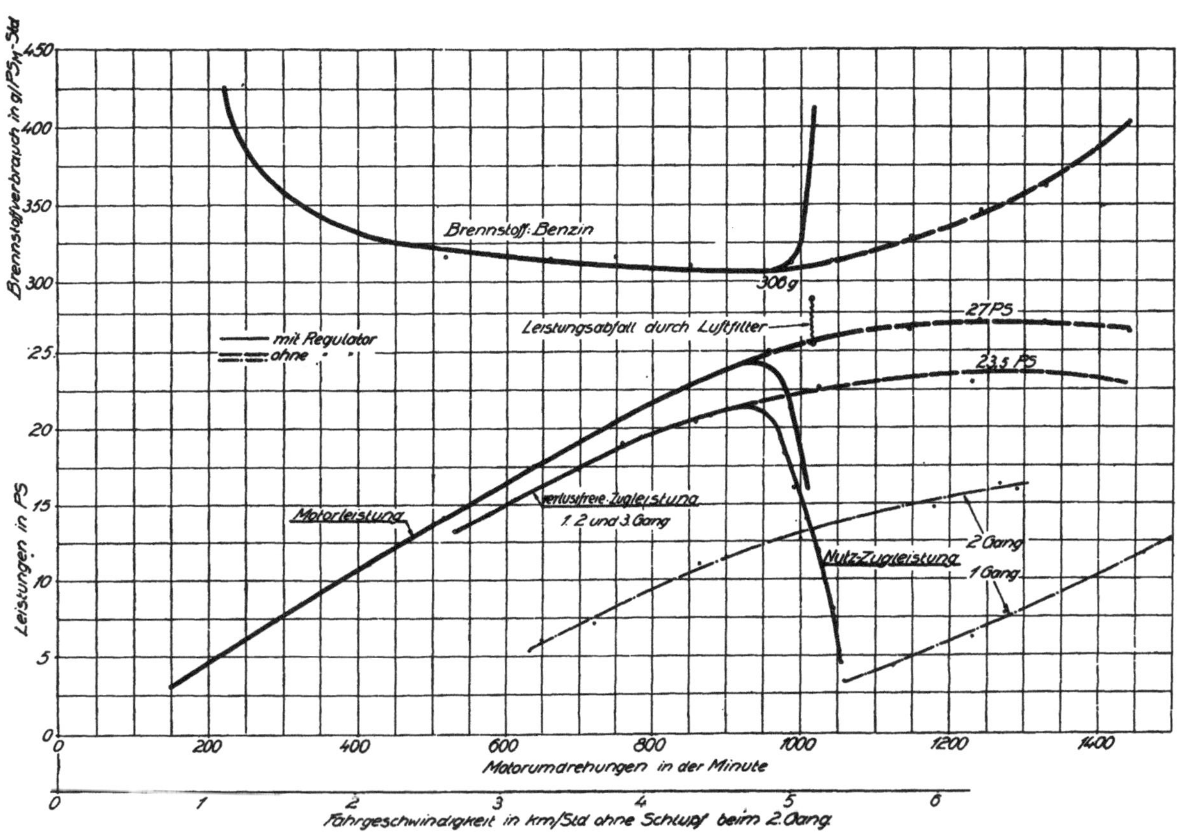

Abb. 146. Leistungen und Brennstoffverbrauch des Holt-Raupenschleppers.

an Nutzzugleistung; bei mehr als 16 % Schlupf sinkt die Nutzzugkraft unter den Höchstwert.

Die Verluste im Raupenlaufwerk (Abb. 151) bei vollen Motorleistungen und der durch den Regulator auf 920 Umdr./Min. begrenzten Motordrehzahl betragen 9,7 PS beim 2. Gang, entsprechend 56 % Wirkungsgrad im Raupenlaufwerk. Mit zunehmender Fahrgeschwindigkeit sinken die Verluste in allen Gängen, der Wirkungsgrad im Raupenlaufwerk erreicht dabei 70,5 % als Höchstwert aber in einem durch den Regulator ausgeschlossenen Geschwindigkeitsbereich.

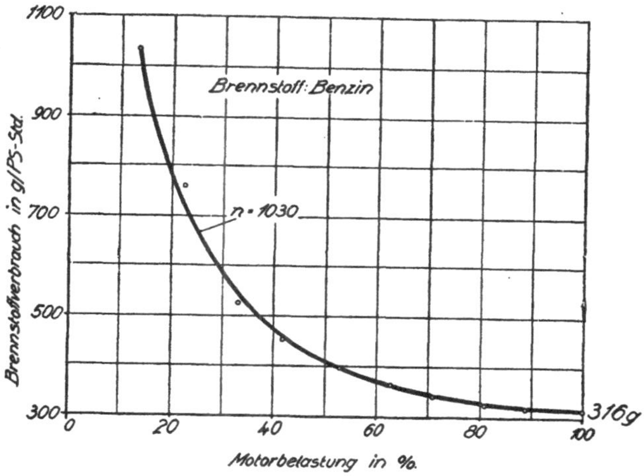

Abb. 147. Spezifischer Brennstoffverbrauch des Holt-Motors bei Drosselleistungen.

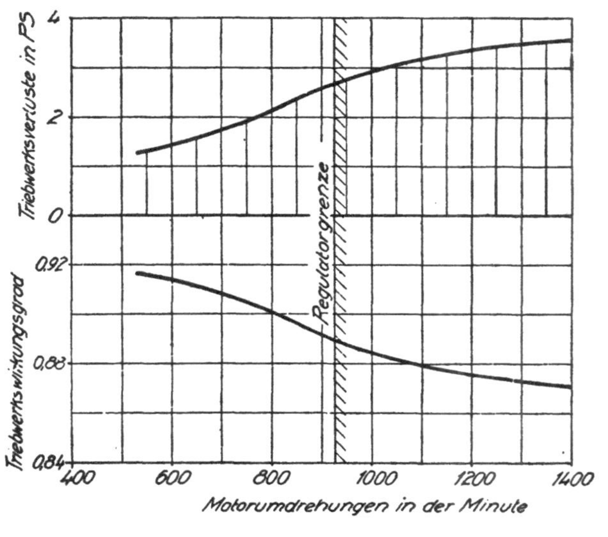

Abb. 148. Triebwerksverluste und Triebwerkswirkungsgrade des Holt-Raupenschleppers beim 1., 2. u. 3. Schaltgang.

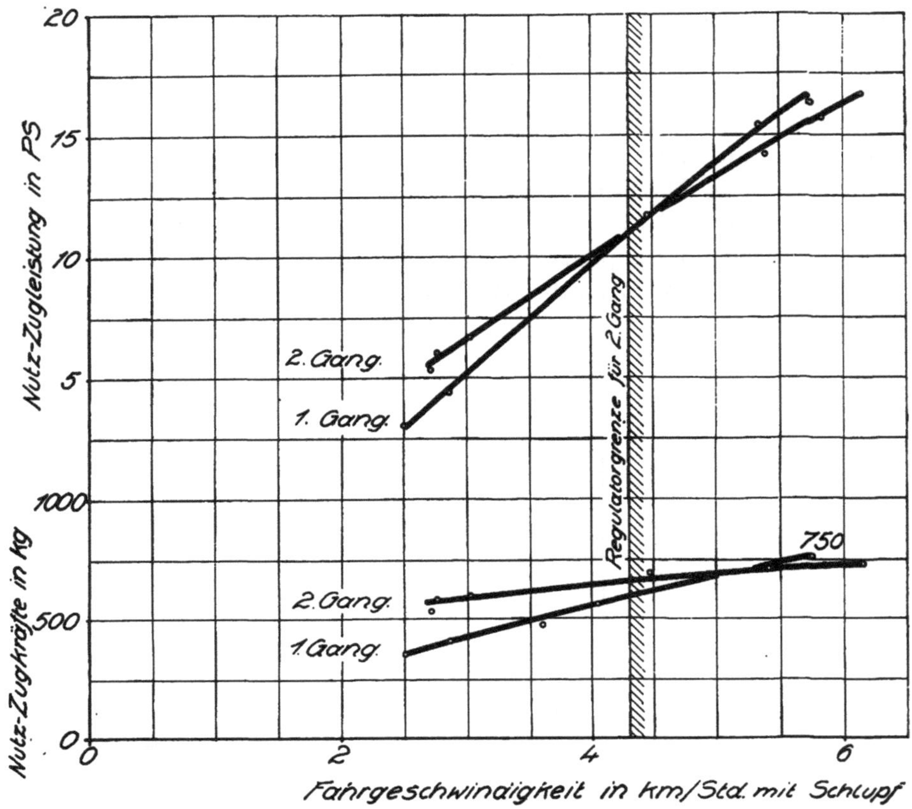

Abb. 149. **Zugleistungen und Zugkräfte des Holt-Raupenschleppers auf lockerem sandigem Boden.**

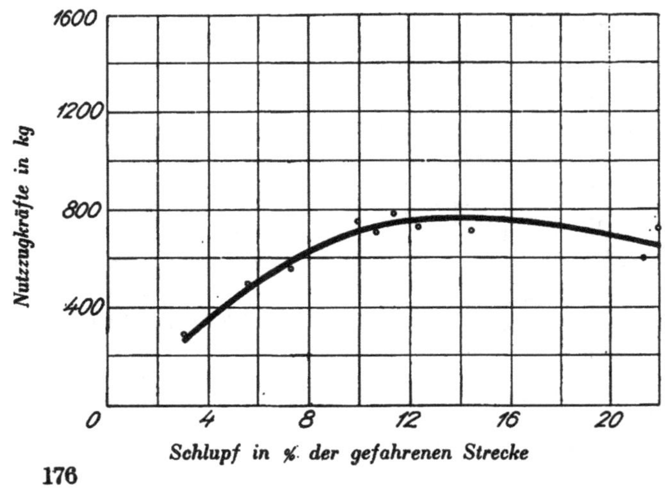

Abb. 150.
Schlupf des Holt-Raupenschleppers.
Versuchsstrecke: Reitweg Tiergarten, lockerer sandiger Boden.

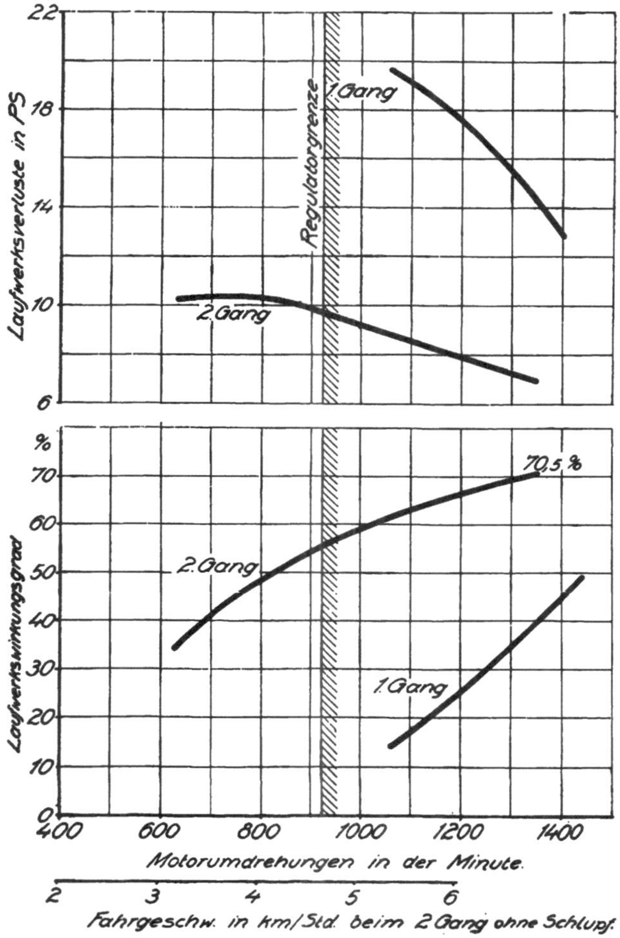

Abb. 151. Laufwerksverluste und Laufwerkswirkungsgrade des Holt-Raupenschleppers auf lockerem Sandboden.

Mit der bei ausgehängtem Regulator größten Nutzzugkraft (2. Gang) von 750 kg und mit einem Gewicht des betriebsfertigen Schleppers von 2350 kg ist die

Bodenadhäsion der Holt-Raupe = 0,32
des Schleppergewichtes auf sandigem lockerem Boden.

Der Schwerpunkt des Holt-Schleppers liegt 657 mm vor der Achse der Raupenantriebsräder und 663 mm hinter der Achse der

Raupenführungsräder, d. h. ungefähr auf Mitte des Raupenlaufwerkes. Bei dieser Anordnung fehlt im Gegensatz zum Cletrac die starke Vorderbelastung der Raupen, so daß sich ein Teil der Raupen unter voller Zugleistung vom Boden abhebt und die Bodenadhäsion verschlechtert. Die Bodenpressung des noch tragenden Raupenteiles wird dadurch erheblich erhöht, so daß der Schlepper bei eintretendem großen Schlupf gleich Radschleppern sich in den Boden einmahlt.

Der Brennstoffverbrauch je Nutzzugtonnenkilometer bei voller Motorleistung im Betrieb mit Regulator und 4,33 km/Std. Fahrgeschwindigkeit mit Schlupf beträgt 2,66 kg/tokm.

Bei einem Benzinpreis von 0,43 M./kg sind die Brennstoffkosten 1,14 M./tokm. Das ist der höchste bei den Raupenschleppern Cletrac, Holt, Bear und Renault gemessene Betriebskostenpreis.

Bear-Raupenschlepper

Modell B, der Bear Tractor Incorporated, New-York, U. S. A.

Abb. 152. Bear-Raupenschlepper.

Bauart (Abb. 152).

Der Motor ist von der Stearns Motor Mfg. Co. in Ludingston, Mich., gebaut.

Motor, Getriebe und Raupenräderantrieb sind zu einem Block vereinigt.

Die Raupenlaufwerke bestehen aus je einem Raupentriebrad mit eingebautem, gleichachsigen Zahnkranz und Ritzelantrieb, einem Raupenführungsrad, der Raupe und dem Raupenstützrahmen (Abb. 153, 154 und 155).

Jede Raupe hat 36 Glieder mit je $6^1/_2$ Zoll = 165 mm Teilung. Die Bodenplatten sind aus 4 mm Stahlblech gepreßt. Der mittlere Teil der Bodenplatte ist 20 mm tief muldenförmig eingedrückt, und mit einer Öffnung für die Zahnköpfe der Raupentriebräder versehen. Die Seitenränder der Bodenplatte sind aufwärts gebogen.

Ein rechtwinklig gebogener Steg ist als Greifer pfeilförmig auf die Platte aufgeschraubt. Gliederverbindung siehe Abb. 156.

Abb. 153. Geöffnete Raupe mit Raupenstützrahmen des Bear-Raupenschleppers.

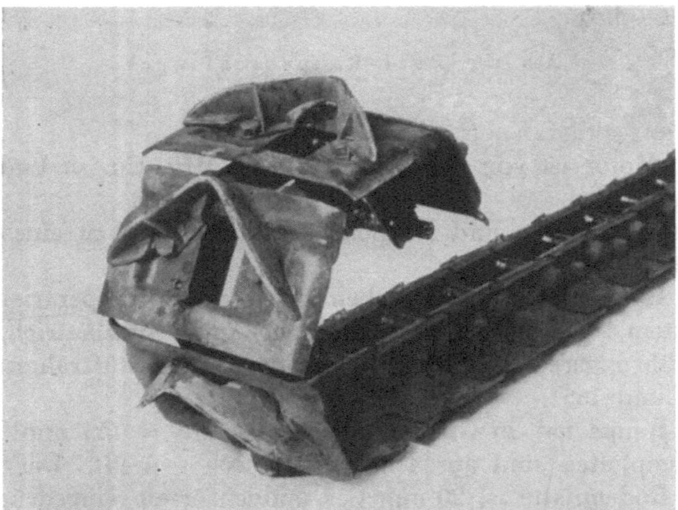

Abb. 154. Raupenglieder des Bear-Raupenschleppers.

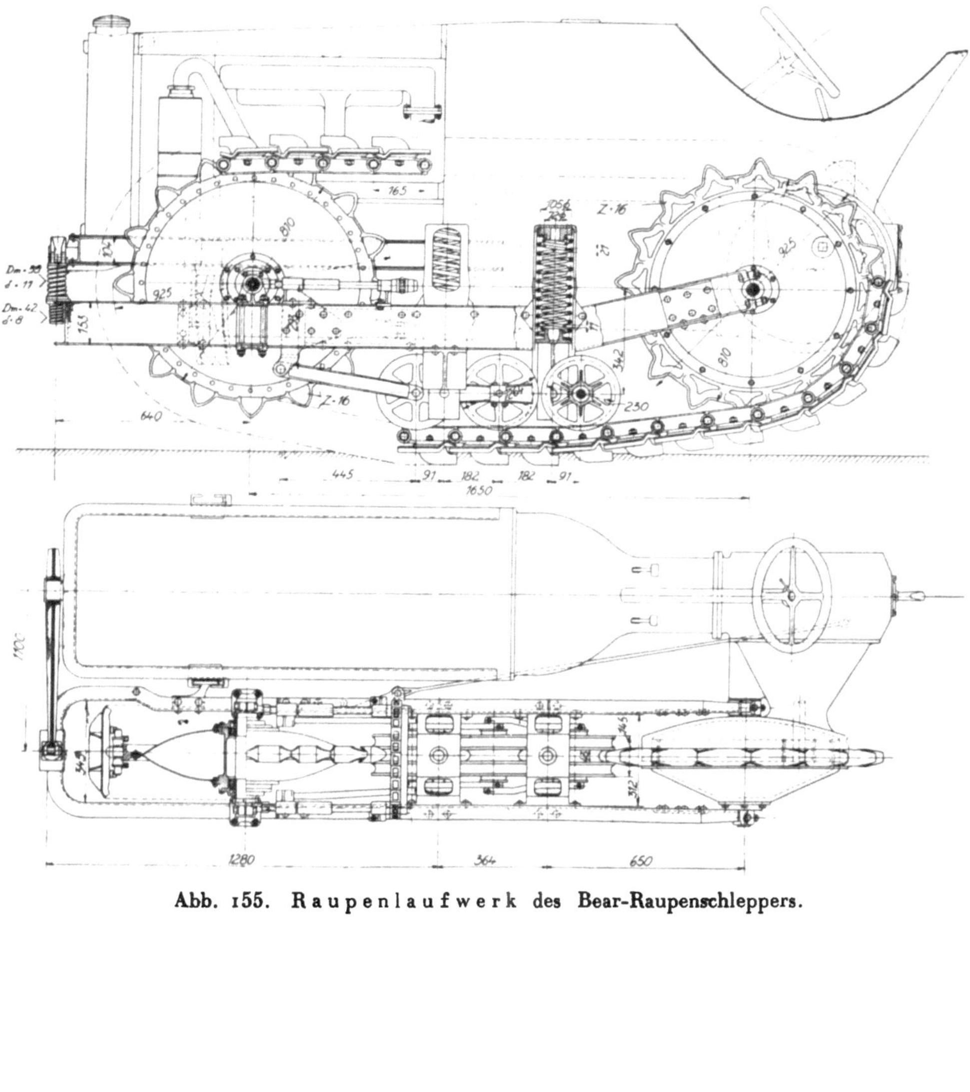

Abb. 155. Raupenlaufwerk des Bear-Raupenschleppers.

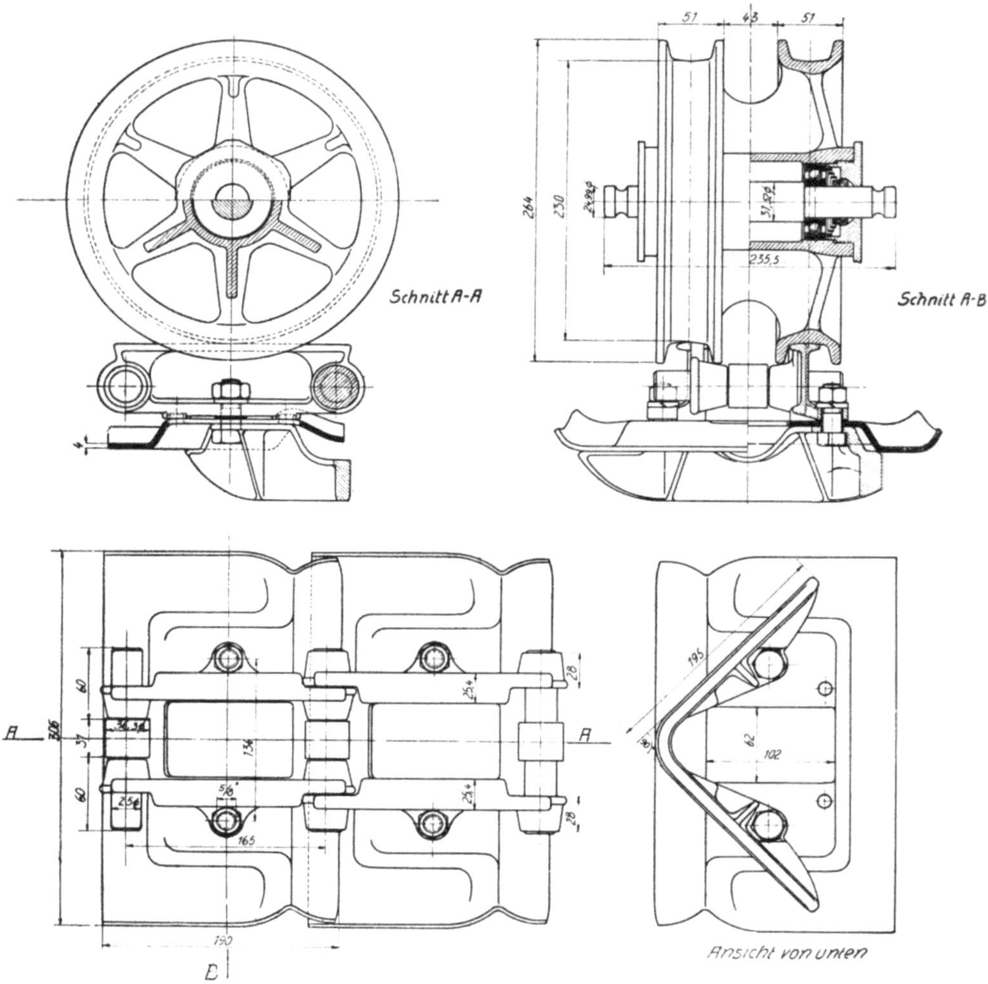

Abb. 156. Bundrollen und Raupenglieder des Bear-Raupenschleppers.

Das Raupentriebrad und Raupenführungsrad tragen gegossene Zahnkränze mit je 16 Zähnen.

Der Raupenstützrahmen (Abb. 153) besteht aus einem hufeisenförmig gebogenen U-Träger und drei Bundrollen, welche das Schleppergewicht auf die Gleise der Raupen übertragen. Die Bundrollen sitzen im Raupenrahmen auf Hebellenkern und sind durch zwei Paar ineinander gesteckte Spiralfedern derart gefedert, daß die Drücke der drei Bundrollen auf das Raupengleis immer untereinander gleich bleiben, und daß sich die Lage der Rollen den Unebenheiten des Bodens und Raupengleises anschmiegt.

Anlenkung der Raupenlaufwerke an dem Schlepper.

Die beiden Raupenstützrahmen umfassen konzentrisch die Achsen der Raupentriebräder und sind um diese Achse in senkrechten Ebenen schwenkbar. Im vorderen Teil sind die Raupenstützrahmen in Gleitstücken am Schlepperrumpf geführt.

Das Schleppergewicht wird von der Anlenkung und von einem doppelarmigen Querbalken auf den Raupenstützrahmen übertragen. Der Querbalken ist konzentrisch um die Andrehkurbel vor dem Kühler gelagert (Abb. 152). Die Enden des Querbalkens sind mit den Stirnseiten der Raupenstützrahmen durch doppelseitig gefederte Gabelbolzen verbunden.

Infolge dieser Anordnung und im Zusammenhang mit dem Belastungsausgleich und der Federung der Bundrollen werden bemerkenswerte Vorteile erreicht. Für alle Schränkungen der beiderseitigen Raupenlaufwerke bleiben die Belastungen für beide Seiten und auch die Lastverteilung in der Raupe gleich. Dabei schmiegt sich der Raupenstützrahmen den Bodenunebenheiten so an, daß die Last auf die tragenden Raupenglieder gleichmäßig verteilt ist.

Jedes Raupenlaufrad kann um 11° zum Schlepperrumpf aus der Stellung in der Ebene ausschwenken.

Für die Lenkung des Bearschleppers ist wie beim Holtschlepper auf beiden Seiten hinter der Kegelräderübersetzung je eine Mehrplattenkupplung vorgesehen, welche die zum Vorgelege der Raupentriebräder führenden Querwellen mit der Kegelradwelle kuppeln. Die Art der Lenkung ist derjenigen beim Holt gleich, mit dem Unterschied, daß das Bremsen der ausgekuppelten Seite bei größeren Lenkradausschlägen zwangläufig hiermit einsetzt, während bei Holt unabhängig von der Betätigung der Lenkkupplungen durch Fußpedale gebremst wird.

Ein besonderer Fußhebel betätigt beide Lenkbremsen gleichzeitig zwecks Abbremsen des Schleppers.

Die Lenkkupplungen haben je drei mit Ferodoasbest belegte treibende und vier getriebene Stahlblechplatten mit Randverzahnung für die Mitnahme.

Abmessungen des Ferodoasbestbelages: 443/358 mm Durchmesser.

Flächenbelastung $\frac{U}{F} = 0{,}13$ beim 1. Gang, 0,08 beim 2. Gang, 0,05 beim 3. Gang für volle Motorleistung und gleichmäßige Verteilung auf die beiden Kupplungen.

Gewichte des Schleppers.

Schlepper, naß	3300 kg
Wasser im Kühler und Motor	34 „
Brennstoff im gefüllten Tank	120 „

Einzelgewichte:

Motor mit Kühler, Hilfsrahmen, mit Öl, ohne Wasser	780 kg
Getriebeblock mit Kupplung und Lenkung	228 „
Hinterachsgehäuse mit Triebwerk	726 „
Ein Stützrahmen des Raupenlaufwerkes mit Federn und vorderem Führungsrad	312 „
Eine Raupe	248 „
Tank	25 „
Zughaken	28 „

Abmessungen:

Abstand des Raupentriebrades vom vorderen Führungsrad	1620 mm + 50 mm Spannweg
Spurweite: Mitte bis Mitte Raupe	1100 mm
Größte Länge (über alles)	3080 „
Größte Breite	1600 „
Größte Höhe (ohne Verdeck)	1690 „
Bodenfreiheit	160 „
Wenderadius, außen	1100 „
Wenderadius, innen	0 „

Auflagefläche und Bodenpressung der Bear-Raupen.

Auflagefläche A_g eines Raupengliedes = 449,5 cm².

Auflagefläche A_t eines unteren Raupentrums auf einer Trumlänge gleich dem Abstande der Raupenräder = 10 Glieder je 449,5 cm² = 4495 cm².

Auflagefläche A_w der vom Raupenstützrahmen durch die Stützrollen belasteten Glieder einer Raupe = 4 Glieder je 449,5 cm² = 1798 cm².

Statische Bodenpressungen:

$$p_t = 0{,}37 \text{ kg/cm}^2 \text{ in der Auflagefläche } A_t,$$
$$p_w = 0{,}92 \text{ kg/cm}^2 \text{ in der Auflagefläche } A_w.$$

Triebwerk.

Das Wechselgetriebe liegt in einem besonderen Block zwischen Motor und Hinterachsgehäuse und enthält drei Vorwärtsgänge und einen Rückwärtsgang (Abb. 157). Der 2. Gang ist der direkte als Arbeitsgang auf dem Acker. Hinter dem Wechselgetriebe treibt ein Kegelräderpaar die Querwellen, welche mit Ritzel in die Innenverzahnung der Raupentriebräder eingreifen. Ein Differential ist nicht vorgesehen.

Die Zahnbelastungen c nach $P = c \cdot b \cdot t$ im Beartriebwerk sind:

Im Wechselgetriebe, 1. Gang $c_1 = 102$,
2. Gang $c_2 = 77$,
3. Gang $c_3 = 62$;

im Kegelräderpaar, $c_1 = 133$,
$c_2 = 82$,
$c_3 = 51$;

in der Innenverzahnung der Raupentriebräder,
$c_1 = 173$,
$c_2 = 107$,
$c_3 = 67$.

Die Gesamtübersetzung zwischen dem Motor und den Raupentriebrädern und die Fahrgeschwindigkeit ohne Schlupf bei den durch den Regulator begrenzten 950 Motorumdr./Min. sind:

1. Gang $i_1 = 1 : 54$; $V = 3{,}1$ km/Std.,
2. Gang $i_2 = 1 : 33{,}4$; $V = 5{,}02$ km/Std.,
3. Gang $i_3 = 1 : 20{,}7$; $V = 8{,}1$ km/Std.

Motor (Abb. 158 und 159).

Vier Zylinder im Block, 4¾ Zoll = 120,5 mm Bohrung, 6½ Zoll = 165 mm Hub. Gesamtes Hubvolumen $H = 7560$ cm³.

Die Ventile sind hängend im abnehmbaren Zylinderkopf angeordnet und werden durch Stoßstangen von der im oberen Kurbelgehäuse liegenden Nockenwelle betätigt. Die Ventile sind aus Chrom-Silicium-Stahl.

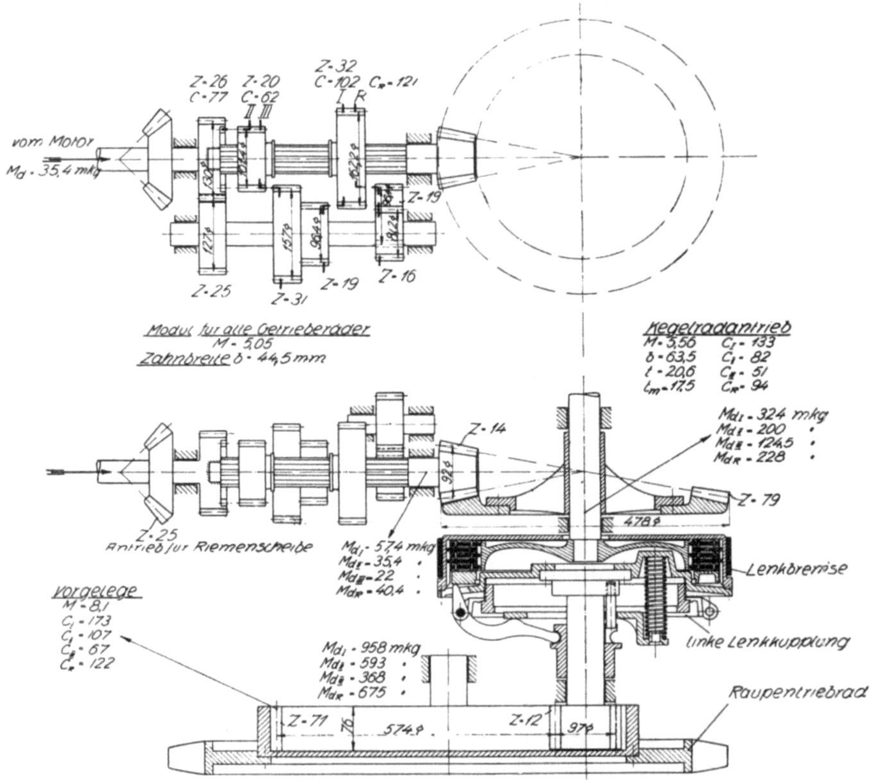

Übersetzungen				
Gang	Getriebe	Kegelräder	Vorgelege	Gesamt
I	26/25 × 19/32 = 1 : 1,62	14/79 = 1 : 5,64	12/71 = 1 : 5,92	1 : 54
II	1 : 1	"	"	1 : 33,4
III	26/25 × 31/20 = 1 : 0,62	"	"	1 : 20,7
R	26/25 × 16/19 × 19/32 = 1 : 1,14	"	"	1 : 38,1

Abb. 157. Triebwerk des Bear-Raupenschleppers.

Abb. 158. Stearns-Motor des Bear-Raupenschleppers.

Abb. 159. Stearns-Motor des Bear-Raupenschleppers.

Steuerungszeiten.

Einlaß öffnet 22° n. o. T., schließt 40° n. u. T.

Auslaß öffnet 42° v. u. T., schließt 2° n. o. T.

Ventilhub: 9,2 mm. Zündung: durch amerikanischen Bosch Magnetapparat A T 4 — 1 C — V 2 mit Verstellbereich von 34° v. o. T. bis 4° v. o. T.

Vergaser: Vertikal der Firma Wheeler-Schebler Carburator Co. in Indianapolis mit zwei durch Drosselschrauben verstellbaren Düsen und einer lichten Weite des Ansaugrohres von 48 mm. Oberhalb des Vergasers ist der Regulator in einem besonderen Saugrohrzwischenstück eingebaut (Abb. 158) und wird durch eine Gelenkwelle von der Nockenwelle aus angetrieben. Die vom Regulator betätigte Drosselvorrichtung ist ein flacher Gitterschieber.

Die Ansaugluft wird in einem Vortex Ölfilter, welcher mit ölgetränkten Roßhaaren gefüllt ist, gereinigt. Durch eine kleine Nebenleitung wird aus dem Zylinderkopf Öldampf angesogen.

Die Vorwärmung des Ansauggemisches erfolgt durch die Wandungen des Abgasrohres, welches einstückig mit dem Ansaugrohr gegossen ist (Abb. 158).

Der Lamellenkühler hat sechs auswechselbare Segmente mit einer Stirnfläche von zusammen 0,303 m². Der Wasserumlauf erfolgt durch Pumpe.

Die Motorkupplung, Bauart Merchant & Evans, hat drei getriebene und vier treibende Lamellen mit 284/184 mm Durchmesser.

Flächenbelastung $\frac{U}{F} = 0{,}14\ \mathrm{kg/cm^2}$ bei voller Motorleistung.

Der Zughaken befindet sich in einer Höhe von 400 mm über dem Boden und in einem Abstand von 620 mm von der Achse der Raupentriebräder am hinteren Ende des Schleppers. Er ist in einer Schienenführung schwenkbar gelagert.

Versuchsergebnisse.

Wie Abb. 160 zeigt, läuft der Motor von 320 Umdr./Min. an aufwärts einwandfrei unter Vollast und wird durch den Regulator auf 950 Umdr./Min. begrenzt. Die dabei erreichte größte Motorleistung beträgt 40 PS. Bei ausgeschaltetem Regulator steigt die Leistungskurve weiter stark an und erreicht 60 PS bei 1475 Umdrehungen/Min. Diese Mehrleistung ist aber im praktischen Betrieb durch den Regulator ausgeschaltet. Vermutlich ist der Motor noch für andere Verwendungszwecke gebaut.

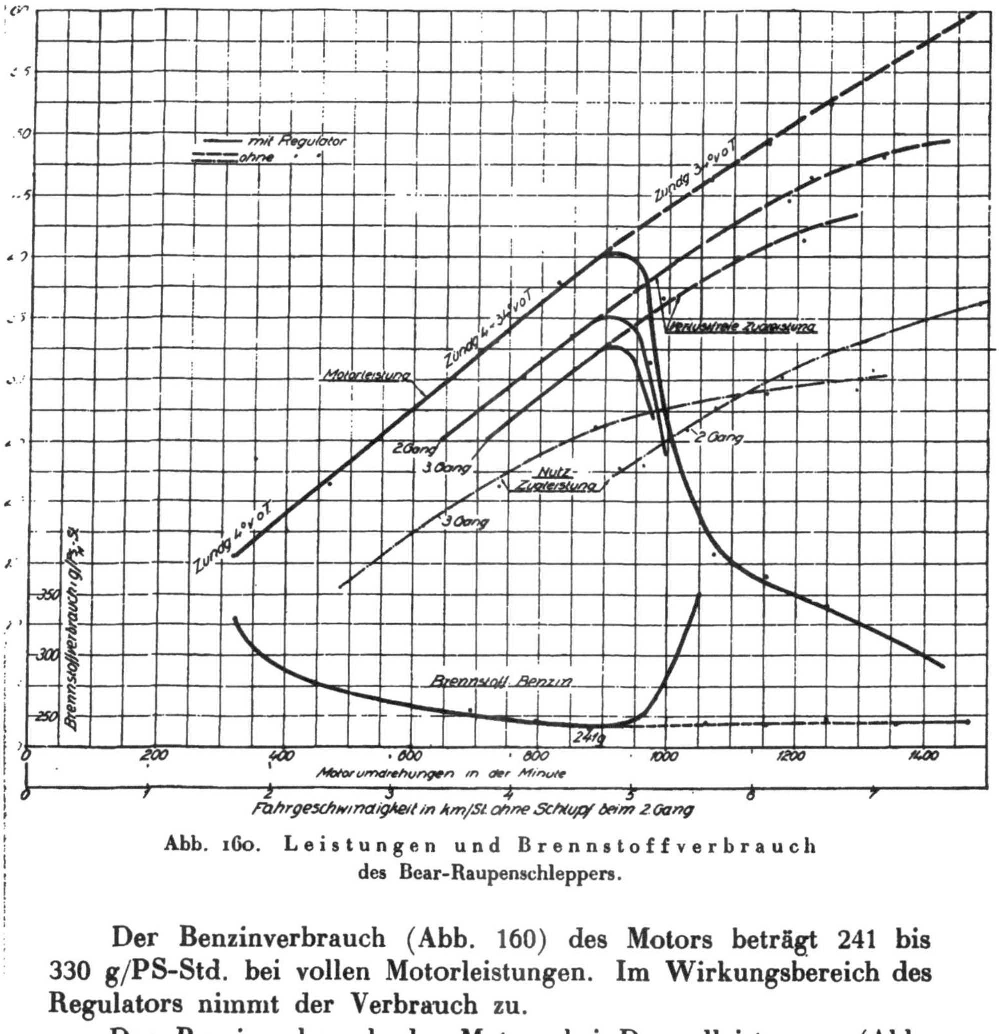

Abb. 160. Leistungen und Brennstoffverbrauch des Bear-Raupenschleppers.

Der Benzinverbrauch (Abb. 160) des Motors beträgt 241 bis 330 g/PS-Std. bei vollen Motorleistungen. Im Wirkungsbereich des Regulators nimmt der Verbrauch zu.

Der Benzinverbrauch des Motors bei Drosselleistungen (Abb. 161) steigt von 245 g/PS-Std. bei Volleistung auf 345 g/PS-Std. bei halber Motorbelastung an.

Die Triebwerksverluste zwischen dem Motorschwungrad und den Raupentriebrädern (Abb. 162) erreichen 5,1 und 7,9 PS beim 2. und 3. Gang an der Regulatorgrenze von 950 Motorumdrehungen/Minute.

Die entsprechenden Triebwerkswirkungsgrade sind 88 und 81,5 %.

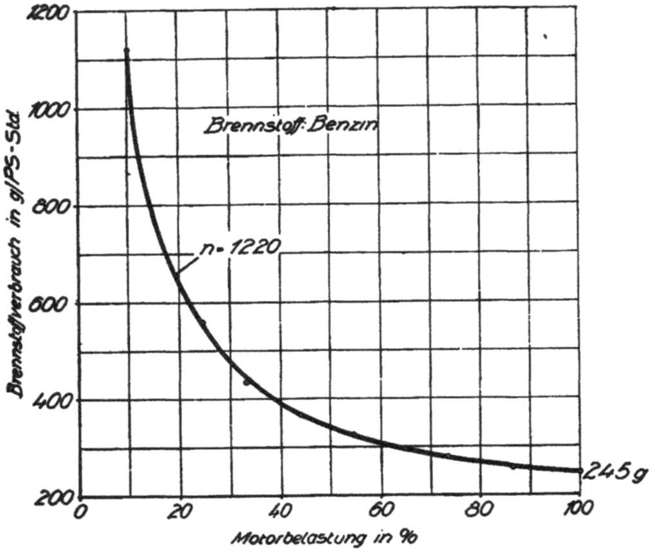

Abb. 161. Spezifischer Brennstoffverbrauch des Stearns-Motors bei Drosselleistungen.

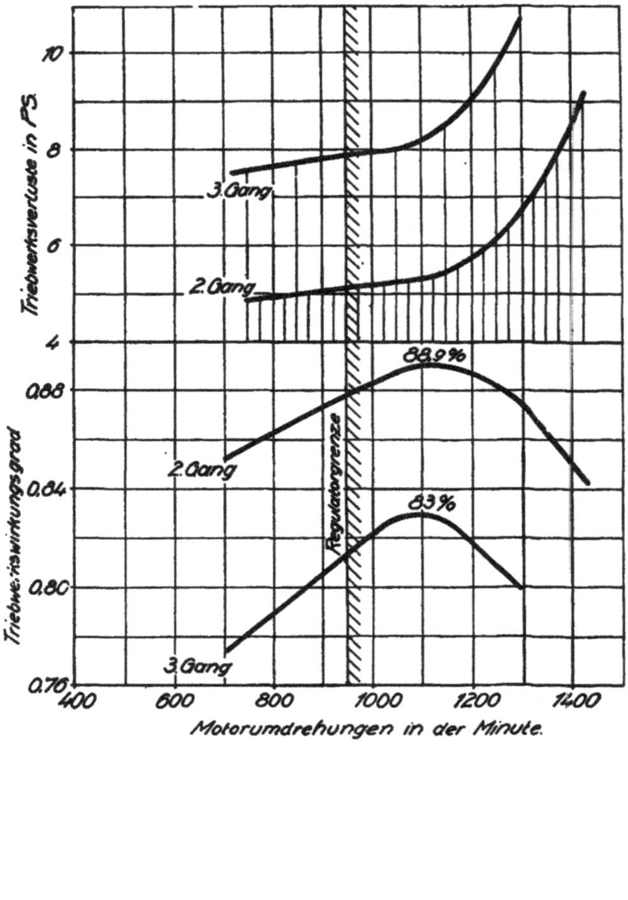

Abb. 162. Triebwerksverluste und Triebwerkswirkungsgrade des Bear-Raupenschleppers.

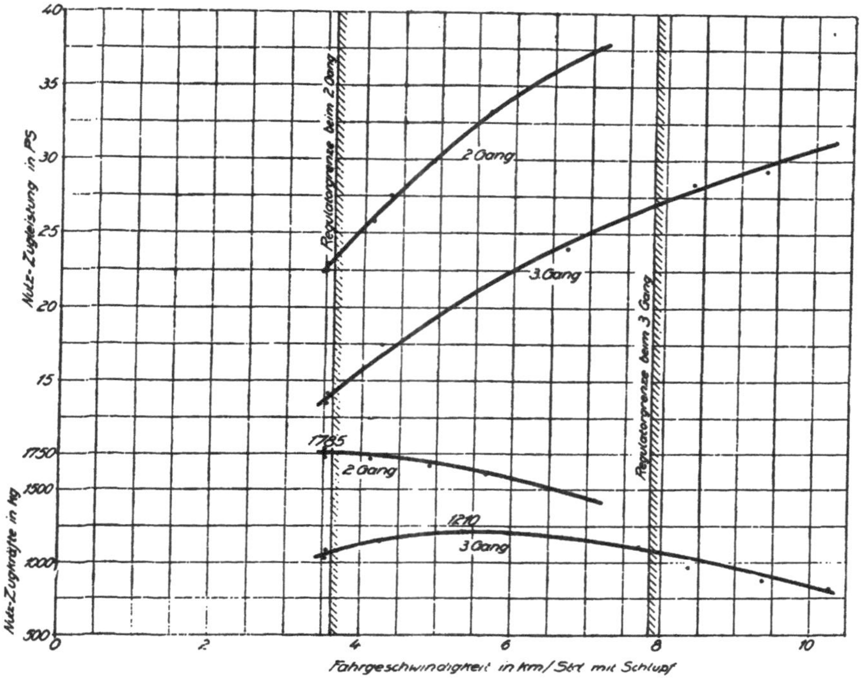

Abb. 163. Zugleistungen und Zugkräfte des Bear-Raupenschleppers auf lockerem sandigem Boden.

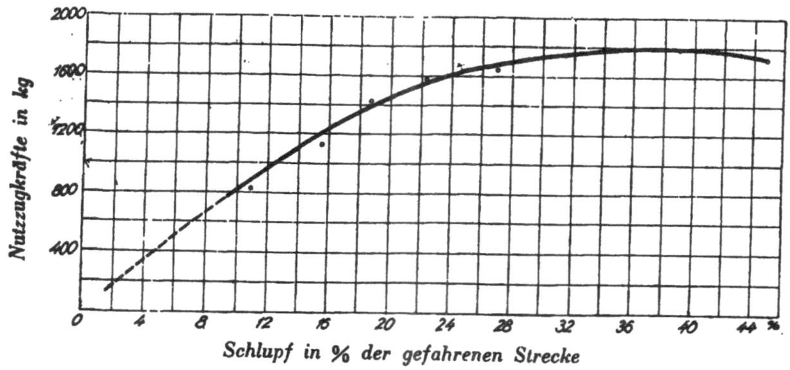

Abb. 164. Schlupf des Bear-Raupenschleppers Versuchsstrecke: Reitweg Tiergarten; lockerer sandiger Boden.

Bei ausgeschaltetem Regulator beginnen die Verluste erst von 1200 Motorumdrehungen ab stark zu steigen.

Der 2. Gang ist der direkte und hat demzufolge die kleineren Triebwerksverluste.

Zugkräfte und Zugleistungen.

Die verlustfreien Zugleistungen, Abb. 160 (Nabenleistungen an den Raupentriebrädern) sind 31 PS beim 3. und 34 PS beim 2. Gang und 950 Motorumdr./Min. entsprechend V_3 = 8,1 km/Std. und V_2 = 5,0 km/Std. ohne Schlupf.

Die zugehörigen verlustfreien Zugkräfte sind:

1835 kg beim 2. Gang und
1032 kg beim 3. Gang.

Die zu den vorstehenden Werten zugehörigen Nutzzugkräfte, welche auf dem sandigen Versuchsfeld gemessen worden sind, betragen (Abb. 160 und 163):

1785 kg beim 2. Gang und
1090 kg beim 3. Gang

entsprechend 23,5 und 27 PS bei V_2 = 3,63 km/Std. und V_3 = 7,85 km/Std. mit Schlupf. Bei ausgehängtem Regulator und erhöhten Fahrgeschwindigkeiten werden 37,7 PS beim 2. Gang und 31,3 PS Nutzzugleistung beim 3. Gang als Höchstwerte erreicht.

Schlupf (Abb. 164).

Bei 400 kg Nutzzugkraft betrug der Schlupf 4,8 %, bei 750 kg 9 %. Bei der erreichten größten Nutzzugkraft von 1785 kg ist ein Schlupf von 39 % aufgetreten. Mit höheren Schlupfwerten sinkt die Nutzzugkraft.

Die Verluste im Raupenlaufwerk (Abb. 165) bei vollen Motorleistungen und der durch den Regulator begrenzten Motordrehzahl von 950 Umdr./Min. betragen 13,9 PS beim 2. und 7,7 PS beim 3. Gang, entsprechend 63 % bzw. 77 % Wirkungsgrad im Raupenlaufwerk. Als höchster Wirkungsgrad wurden 84,5 % beim 3. Gang und 650 Motorumdrehungen entsprechend 5,6 km/Std. Fahrgeschwindigkeit ohne Schlupf gemessen.

Mit der gemessenen größten Nutzzugkraft von 1785 kg beim 2. Gang und mit einem Gewicht des betriebsfertigen Schleppers von 3300 kg ist die

Bodenadhäsion der Bear-Raupe = 0,54

des Schleppergewichtes auf sandigem lockerem Boden.

Der Schwerpunkt des Bear-Schleppers liegt 860 mm vor der Achse der Raupenantriebsräder und 780 mm hinter der Achse der Raupenführungsräder. Der Schlepper hat also nur geringe vordere Überbelastung, so daß die Raupenlaufwerke sich bei voller Zugleistung vorne anheben.

Der Brennstoffverbrauch je Nutzzugtonnenkilometer bei voller Motorleistung im Betrieb mit 2. Gang und $V = 3{,}63$ km/Std. mit Schlupf beträgt 1,54 kg/tokm.

Bei einem Benzinpreis von 0,43 M./kg sind die Brennstoffkosten 0,665 M./tokm.

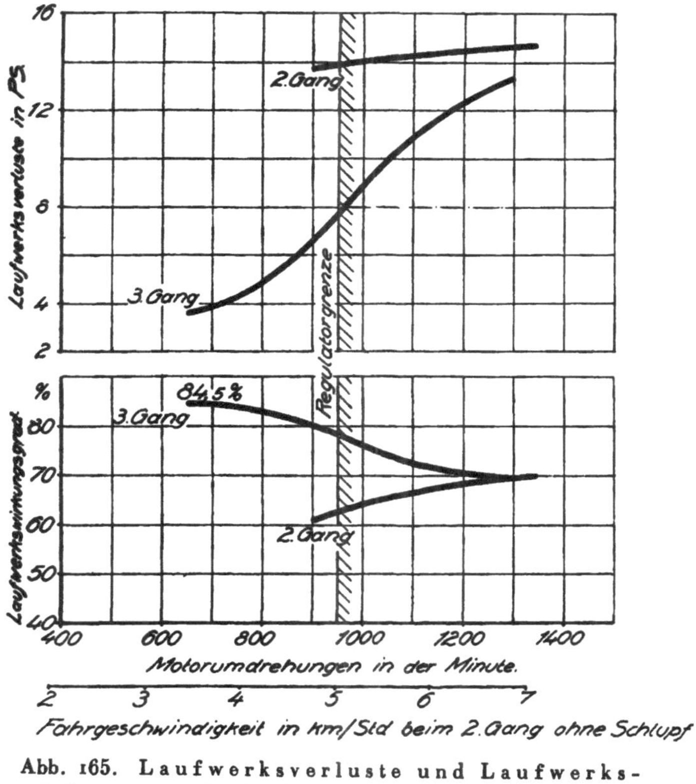

Abb. 165. **Laufwerksverluste und Laufwerkswirkungsgrade** des Bear-Raupenschleppers auf lockerem Sandboden.

Renault-Raupenschlepper
Type H. I., der Société Anonyme des Usines Renault, Billancourt, Seine.

Abb. 166. Renault-Raupenschlepper.

Bauart (Abb. 166).

Motor, Getriebe und alle Einzelgruppen des Schleppers sind auf einem besonderen Rahmen montiert. Der Rahmen ist in U-förmigem Profil aus 6 mm-Blech hergestellt und 340 mm hoch. Gegenüber den üblichen Bauarten ist der Renault-Schlepper breit und niedrig gebaut. Auch die Raupenlaufwerke sind breiter als diejenigen anderer gleichstarker Raupenschlepper.

Jedes Raupenlaufwerk besteht aus einem Stützrahmen, dem Raupentriebrad, dem vorderen nachstellbaren Führungsrad und der Raupe (Abb. 167, 168 u. 169). Die beiden Raupentriebräder sitzen freifliegend auf einem Wellenstummel, welcher auch das Antriebsritzel trägt. Dieses Antriebsritzel treibt zwei feststehende Stirnräder, welche in die Verzahnung des Raupentriebrades eingreifen (Abbildung 170). Die Raupentriebräder sind daher mit einem im Innern dieser Räder eingebauten Vorgelege bei achsialer Einleitung der

Abb. 167. Geöffnete Raupe und Raupenstützrahmen des Renault-Raupenschleppers.

Abb. 168. Raupenglieder des Renault-Raupenschleppers.

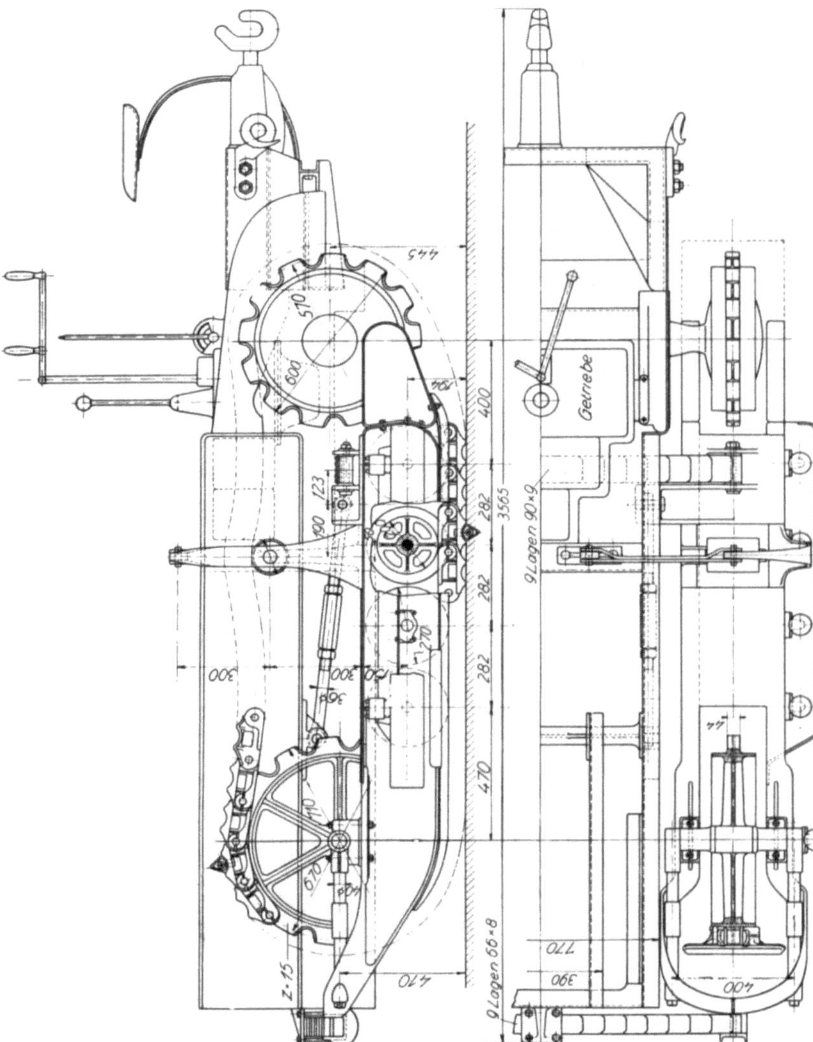

Abb. 169. Raupenlaufwerk des Renault-Raupenschleppers.

Abb. 170.
Zwischenvorgelege und Vorgelege im Raupentriebrad des Renault-Raupenschleppers.

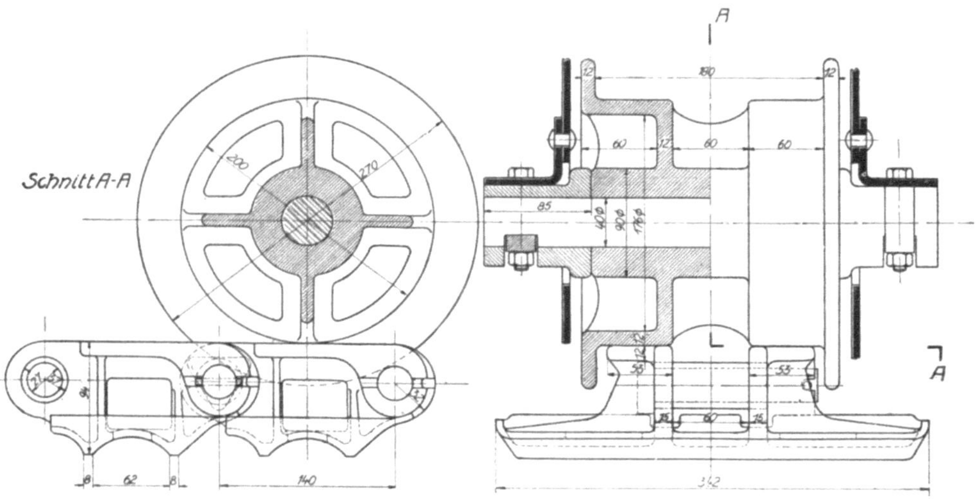

Abb. 171. Bundrollen und Raupenglieder des Renault-Raupenschleppers.

Antriebsenergie ausgestattet. Das Raupentriebrad und vordere Führungsrad sind aus Stahlguß hergestellt und mit je 15 Zähnen in der Teilung der Raupe versehen.

Die Raupen haben je 38 Glieder und eine Teilung von 140 mm. Die Glieder sind durch einen Bolzen von 27 mm Durchmesser mit Dreikantkopf (Abb. 168 u. 171) miteinander verbunden. Die Bodenplatten sind quer zur Laufrichtung gewellt und mit zwei mittleren Öffnungen versehen, in welche besondere Greifer eingesetzt werden können.

Alle Versuchsergebnisse gelten für die Raupe nach Abb. 166 ohne besondere Greifer. Die Raupenstützrahmen bestehen aus je zwei seitlichen Blechträgern und tragen je vier Bundrollen von 200 mm Durchmesser (Abb. 167), welche das Schleppergewicht auf die Raupen übertragen. Die Rollen sind ungefedert auf Stahlzapfen gelagert und werden durch große Fettbüchsen geschmiert. Auf der Oberseite des Raupenstützrahmens ist eine Stützrolle für das obere Raupentrum vorgesehen.

Anlenkung der Raupenlaufwerke an dem Schlepper.

Diese unterscheidet sich von den bisher beschriebenen Schleppern durch den Fortfall eines festen Drehpunktes für die Raupenstützrahmen. Eine unter dem rückwärtigen Teile des Schleppers quer durchgezogene Blattfeder stützt sich mit ihren Enden auf den rückwärtigen Teil der Raupenstützrahmen und ist durch je einen Querbolzen mit dem Rahmen verbunden. Eine zweite Blattfeder ist ebenfalls quer zum Schlepper aber auf der Stirnseite des Schleppers angeordnet und stützt sich mit ihren Enden auf das vorderste Ende der beiden Raupenstützrahmen, und ist hier ebenfalls durch Federbolzen verbunden (Abb. 166). Außer diesen beiden Stützfedern ist für jeden Raupenstützrahmen noch eine Schubstange parallel zur Fahrtrichtung vorgesehen, welche die Schubkräfte von den Raupenlaufwerken zum Schlepper überträgt.

Da die seitliche Führung der Raupenlaufwerke nur durch die Federanlenkung noch ein Umstürzen der Raupen gestattet, sind die Raupenlaufwerke noch an einem dritten Punkt, welcher auf einen über die Raupen hinausragenden Bock verlegt ist, durch eine Gelenklasche mit dem Schlepper verbunden.

Bei Fahrt über unebenen Boden beträgt die größte Schränkung 4 Grad zwischen Raupe und Schlepperrumpf.

Im Antrieb ist kein Differential vorgesehen.

Für die Lenkung des Schleppers dient an jedem Ende der Querwelle der Kegelräderübersetzung hinter dem Schaltgetriebe je eine Mehrplattenkupplung als Lenkkupplung, in gleicher Weise wie beim Bear-Raupenschlepper. Bei Geradeausfahrt sind beide Kupplungen eingeschaltet und übertragen jede das halbe Drehmoment. Bei Kurvenfahrt wird die innere Seite ausgekuppelt und der getriebene Teil dieser Kupplung bei stärkerem Lenkausschlag des Lenkhebels wie beim Bear-Schlepper gebremst. Ein Handhebel betätigt gleichzeitig beide Lenkbremsen zum Abbremsen des Schleppers.

Gewichte des Schleppers.

Schlepper, naß	3520 kg
Wasser im Kühler und Motor	28 „
Brennstoff im gefüllten Tank	60 „

Einzelgewichte:

Motor mit Öl	289 kg
Kupplung	21 „
Schalldämpfer und Rohr	13,5 „
Luftwascher, leer mit Rohr	38 „
Kühler mit Rohr	119 „
Wasser im Luftwascher	6 „
Ein Raupenstützrahmen mit vorderem Führungsrad	450 „
Eine Raupe	300 „
Ein Greiferglied mit Bolzen	3,5 „

Abmessungen:

Abstand des Raupentriebrades vom vorderen Führungsrad	1715 mm
Spurweite: Mitte bis Mitte Raupe	1260 „
Größte Länge	3600 „
Größte Breite	1910 „
Größte Höhe	1450 „
Bodenfreiheit	310 „
Wenderadius, außen	1260 „
Wenderadius, innen	0 „

Auflagefläche und Bodenpressung der Renault-Raupen.

Auflagefläche A_g eines Raupengliedes = 448,7 cm².
Auflagefläche A_t = 12 Glieder je 448,7 cm² = 5384 cm².
Auflagefläche A_w = 7 Glieder je 448,7 cm² = 3141 cm².

Statische Bodenpressungen:

$$p_l = 0{,}33 \text{ kg/cm}^2 \text{ in der Auflagefläche } A_l$$
$$p_w = 0{,}56 \text{ kg/cm}^2 \text{ in der Auflagefläche } A_w$$

Triebwerk.

Das Wechselgetriebe ist zusammen mit dem Hinterachsantrieb in einem besonderen Gehäuse untergebracht und hat drei Vorwärtsgänge und einen Rückwärtsgang. Der zweite Schaltgang, welcher bei Ackerarbeiten benutzt wird, ist der direkte (Abb. 172).

Hinter dem Wechselgetriebe liegt ein Kegelräderpaar. Diesem folgt beiderseits ein zweistufiges Zwischenvorgelege und nach diesem das Vorgelege in den Raupentriebrädern.

Die Zahnbelastungen c in $P = c \cdot b \cdot t$ des Renault-Triebwerkes sind:

im Schaltgetriebe:

1. Gang $c_1 = 198$,
2. Gang (Zahnkupplung),
3. Gang $c_3 = 117$;

im Kegelräderpaar:

$$c_1 = 197, \; c_2 = 115, \; c_3 = 69;$$

im zweistufigen Zwischenvorgelege:

1. Stufe: $c_1 = 82{,}5$, $c_2 = 48$, $c_3 = 28{,}5$,
2. Stufe: $c_1 = 96{,}5$, $c_2 = 56$, $c_3 = 34$;

im Vorgelege in den Raupentriebrädern:

$$c_1 = 304, \; c_2 = 180, \; c_3 = 106.$$

Das gesamte Übersetzungsverhältnis zwischen dem Motor und den Raupentriebrädern und die Fahrgeschwindigkeiten ohne Schlupf bei der durch den Regulator begrenzten Motordrehzahl von 1100 minutlich sind:

1. Gang: $i_1 = 1 : 64{,}0$; $V = 1{,}84$ km/Std.,
2. Gang: $i_2 = 1 : 37{,}7$; $V = 3{,}12$ km/Std.,
3. Gang: $i_3 = 1 : 22{,}2$; $V = 5{,}3$ km/Std.

Motor (Abb. 173).

Vier Zylinder im Block, 100 mm Bohrung, 160 mm Hub. Gesamtes Hubvolumen $H = 5000$ cm³. Stehende Ventile auf der linken Motorseite. Das Kurbelgehäuse ist aus Aluminium gegossen. Der Motor hat Aluminiumkolben. Das Schwungrad ist als Ventilator ausgebildet zur Luftbespülung des hinter dem Motor in gleicher Weise wie bei Renault-Kraftwagen angeordneten Motorkühlers.

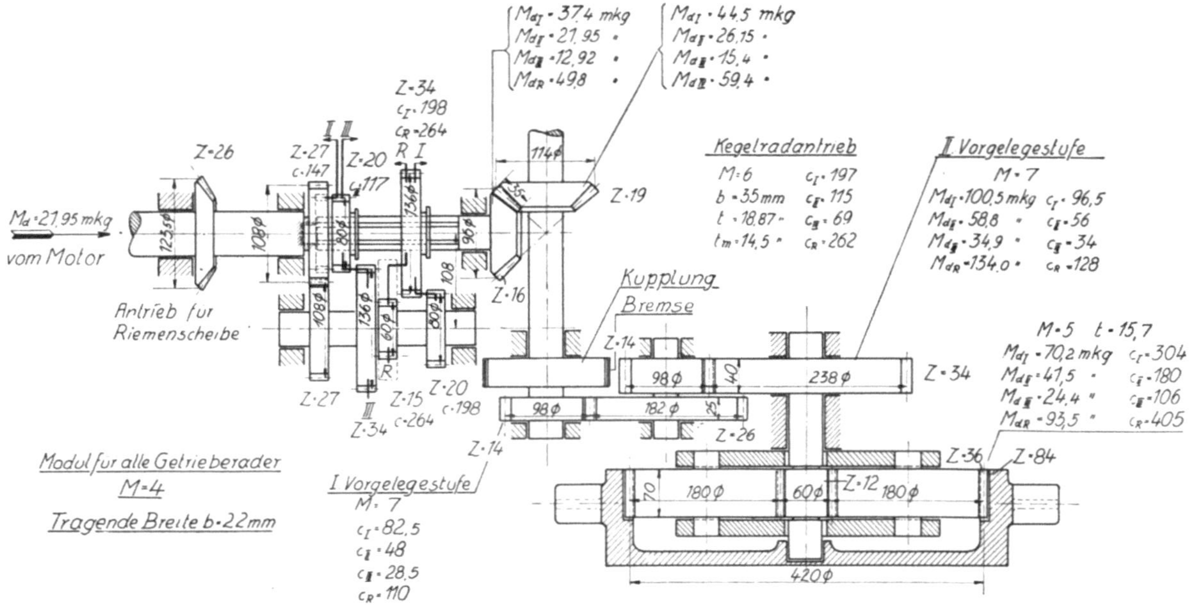

Übersetzungen					
Schaltgang	Getriebe	Kegelräder	Vorgelege	Hinterrad	Gesamt
I	27/27 × 20/34 = 1 : 1,7	16/19 = 1 : 1,19	14/26 · 14/34 = 1 : 4,52	12/36 · 36/84 = 1 : 7	1 : 64
II	20/20 = 1 : 1	" = 1 : 1,19	" = 1 : 4,52	" = 1 : 7	1 : 37,7
III	" = 34/20 = 1,7 : 1	" = 1 : 1,19	" = 1 : 4,52	" = 1 : 7	1 : 22,2
R	= 15/34 × 34/34 = 1 : 2,26	" = 1 : 1,19	" = 1 : 4,52	" 1 : 7	1 : 85,2

Abb. 172. Triebwerk des Renault-Raupenschleppers.

Abb. 173. Motor des Renault-Raupenschleppers.

Steuerungszeiten:

Einlaß öffnet: 21° n. o. T., schließt: 44° n. u. T.

Auslaß öffnet: 41° v. u. T., schließt: 4° v. o. T.

Ventilhub = 7,2 mm. Zündung durch Magnetapparat mit selbsttätiger Zündverstellung und Abschnappkupplung.

Der Vergaser als Vertikalvergaser mit auswechselbaren Düsen hat eine lichte Ansaugweite von 57 mm Durchmesser und eine durch ein federbelastetes Tellerventil gesteuerte Zusatzluftregulierung. Das Tellerventil ist durch eine Flüssigkeitsbremse gedämpft. Zur Vorwärmung des Ansauggemisches sind Abgas- und Ansaugrohr miteinander verschraubt.

Der Regulator sitzt auf dem vorderen Nockenwellenende. Sein Gestänge ist in Rohren gekapselt und wirkt auf eine besondere Drosselklappe im Ansaugrohr.

Zur Reinigung der Ansaugluft dient ein auf dem Kühler montierter Wasserwascher.

Der Motor hat Thermosyphonkühlung.

Die Motorkupplung ist eine Konuskupplung mit Lederbelag von 340/300 mm Durchmesser und 105 mm Breite und 1:5 Neigung. Flächenbelastung $\frac{U}{F}$ = 0,13 kg/cm² bei vollem Motordrehmoment.

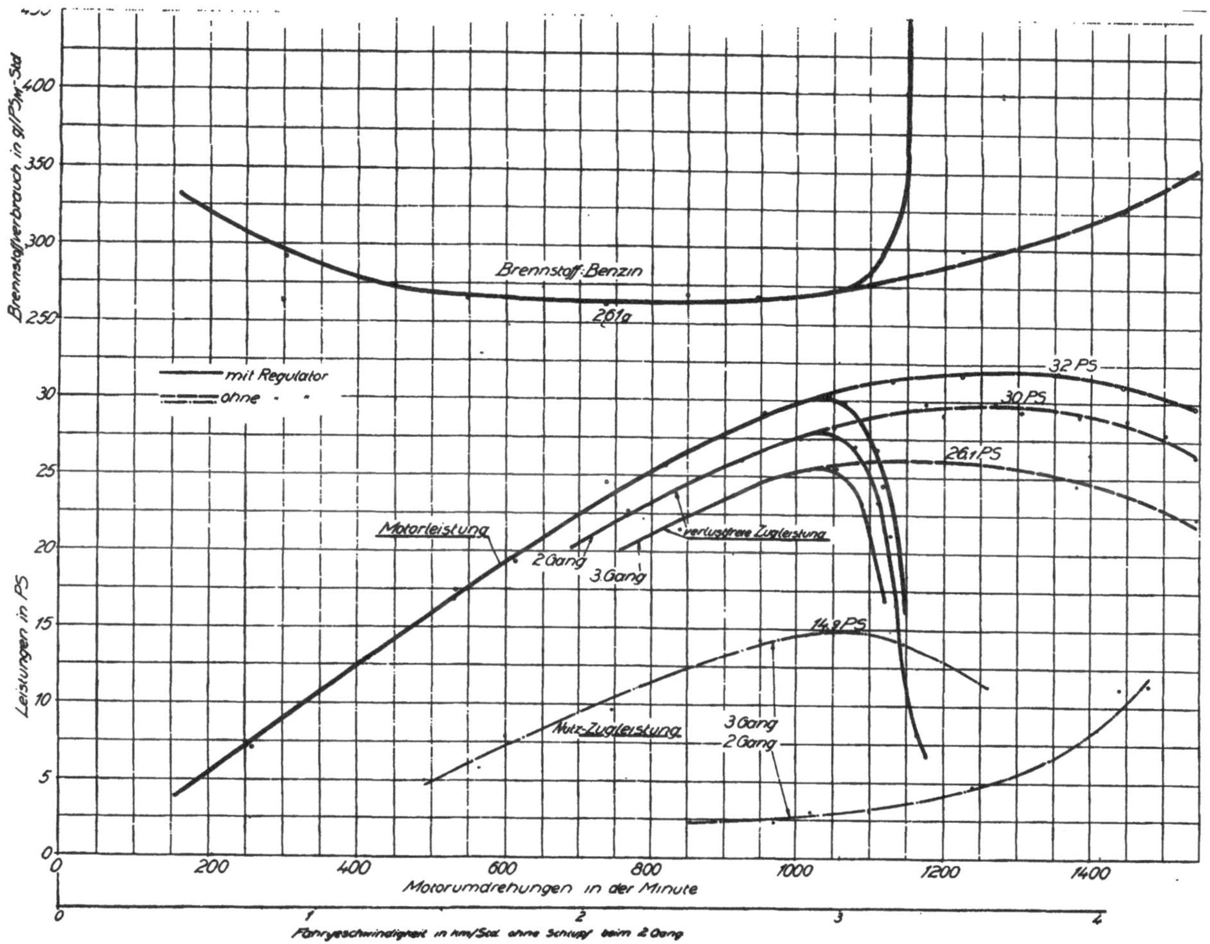

Abb. 174. Leistungen und Brennstoffverbrauch des Renault-Raupenschleppers.

Der Zughaken ist federnd am Rahmen in einer Höhe von 730 mm über dem Erdboden und in einem Abstand von 1100 mm hinter der Achse der Raupentriebräder angeordnet. An allen vier Ecken des Rahmens sind Zughaken angeordnet.

Versuchsergebnisse.

Wie Abb. 174 zeigt, läuft der Motor von 155 Umdrehungen an aufwärts bei Vollast einwandfrei, und wird nach oben auf 1100 Umdr. minutlich durch den Regulator begrenzt. Die größte Motorleistung beträgt 30,3 PS bei 1035 Umdr./Min. und steigt auch bei ausgeschaltetem Regulator nur wenig.

Der Benzinverbrauch je PS Motorleistung und Stunde (oberer Teil der Abb. 174) ist 335 g bei 155 Umdr./Min. und fällt auf 261 g mit wachsender Drehzahl.

Bei 1030 Umdr./Min. (Abb. 175) verbraucht der Motor 272 g/PS Std. bei 100 % Belastung und 353 g/PS Std. bei 50 % Belastung.

Die Triebwerksverluste (Abb. 176) zwischen dem Motorschwungrad und der Felge der Raupentriebräder wurden für 1100 Umdr./Min. zu:

2,4 PS beim 2. (direkten) Gang und
5,1 PS beim 3. Gang ermittelt.

Die zugehörigen Triebwerkswirkungsgrade sind 92,7 % bzw. 83,9 %.

Zugkräfte und Zugleistungen.

Die verlustfreien Zugleistungen (Abb. 174), d. h. die Felgenleistungen an den Raupentriebrädern, betragen bei 1100 Motorumdrehungen/Min. (ohne Regulator)

29 PS beim 2. Gang und 3,12 km/Std. ohne Schlupf,
26,1 PS beim 3. Gang und 5,3 km/Std. ohne Schlupf.

Die zugehörigen verlustfreien Zugkräfte sind:

2510 kg beim 2. Gang und
1330 kg beim 3. Gang.

Die zugehörigen Nutzzugkräfte und Nutzzugleistungen (Abb. 177) wurden auf dem lockeren sandigen Versuchsfelde gemessen zu:

230 kg beim 2. Gang und 2,6 km/Std. entspr. 3,2 PS,
790 kg beim 3. Gang und 5,0 km/Std. entspr. 14,8 PS.

Die geringe Nutzzugleistung des 2. Ganges und in vermindertem Maße auch des 3. Ganges ist auf die glatte Form der Raupenglieder

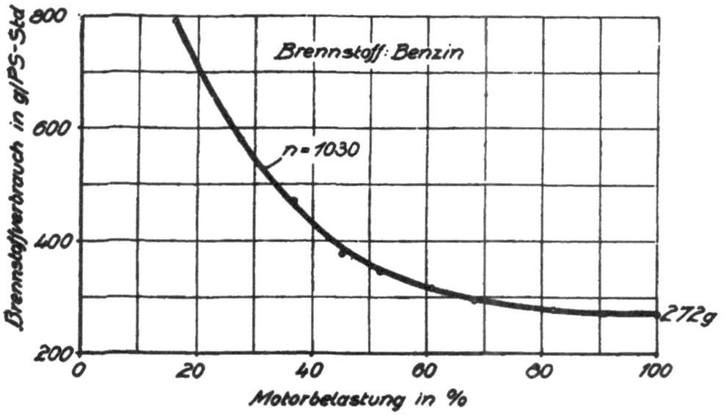

Abb. 175. Spezifischer Brennstoffverbrauch des Renault-Motors bei Drosselleistungen.

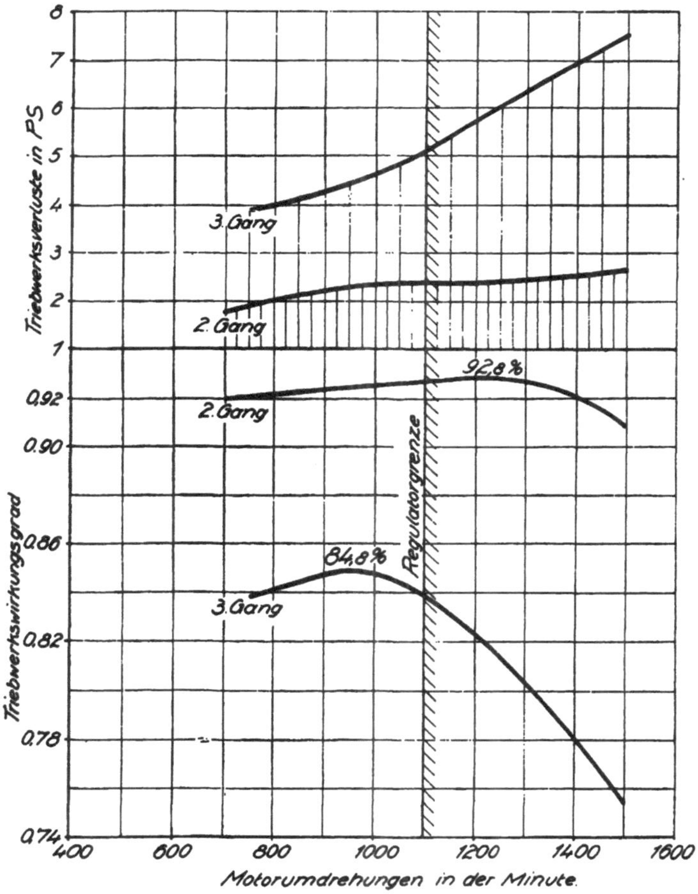

Abb. 176. Triebwerksverluste und Triebwerkswirkungsgrade des Renault-Raupenschleppers.

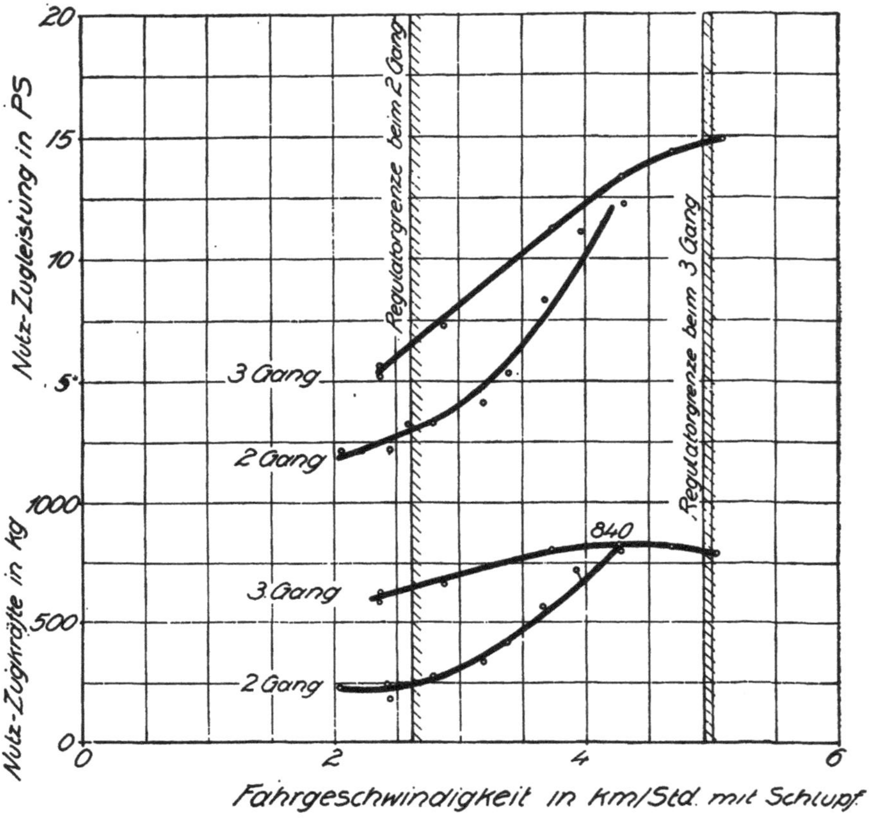

Abb. 177. Zugleistungen und Zugkräfte des Renault-Raupenschleppers auf lockerem sandigem Boden.

und deren geringe Bodenadhäsion insbesondere auf dem sandigen Versuchsboden zurückzuführen.

Schlupf (Abb. 178).

Die größte Nutzzugkraft von 840 kg tritt bei 3 % Schlupf auf. Bei höheren Schlupfwerten fällt die Nutzzugkraft schon rasch ab. Die Ursache hierfür ist die geringe Bodenadhäsion der greiferlosen Raupenglieder. Bei 16 % Schlupf beträgt die Nutzzugkraft nur noch 250 kg.

Die Verluste im Raupenlaufwerk (Abb. 179) bei voller Motorleistung und 1100 Umdr./Min. betragen 25,6 PS beim 2. Gang (hauptsächlich Schlupfverlust) und 11,6 PS beim 3. Gang, entsprechend 12 % bzw. 56 % Wirkungsgrad im Raupenlaufwerk.

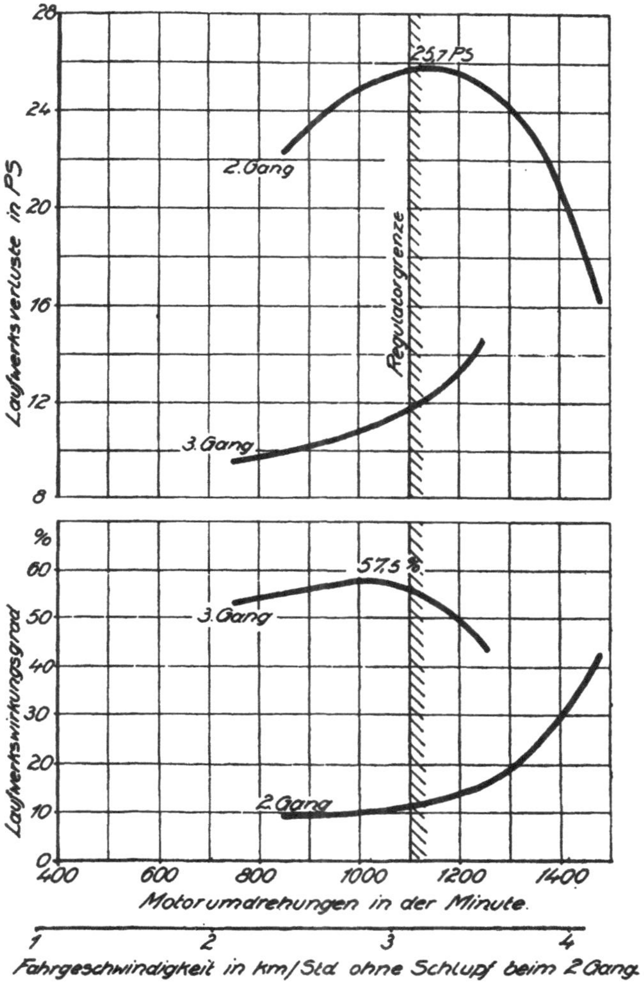

Abb. 179. Laufwerksverluste und Laufwerkswirkungsgrade des Renault-Raupenschleppers auf lockerem Sandboden.

Mit der gemessenen größten Nutzzugkraft von 840 kg und mit einem Gewicht des betriebsfertigen Schleppers von 3520 kg ist die

Bodenadhäsion der Renault-Raupe = 0,24

des Schleppergewichtes auf sandigem lockerem Boden.

Der Schwerpunkt des Renault-Schleppers liegt 835 mm vor der Achse der Raupentriebräder und 880 mm hinter der Achse der

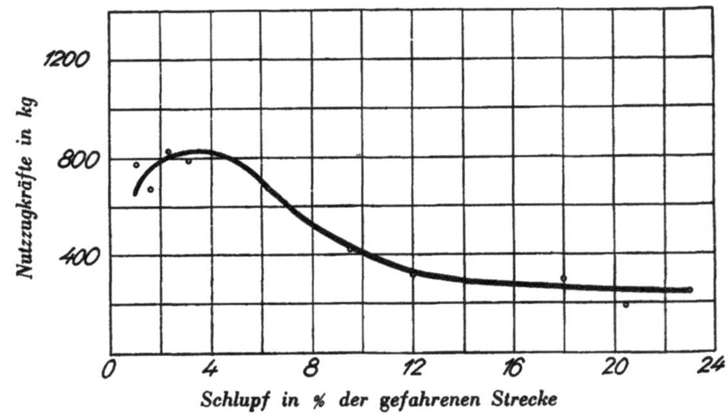

Abb. 178. Schlupf des Renault-Raupenschleppers. Versuchsstrecke: Reitweg, Tiergarten; lockerer sandiger Boden.

Raupenführungsräder, also noch etwas hinter der Mitte der Raupenlaufwerke, so daß die Raupen bei voller Leistung vorne entlastet werden und hierdurch und im Zusammenhang mit den glatten Raupengliedern schon bei geringen Zugkräften stark gleiten.

Der Brennstoffverbrauch je Nutzzugtonnenkilometer bei voller Motorleistung im Betrieb mit Regulator und 3. Gang und 5 km/Std. Fahrgeschwindigkeit mit Schlupf beträgt 2,21 kg/tokm.

Bei einem Benzinpreis von 0,43 M./kg sind die Brennstoffkosten 0,95 M./tokm.

Die Gummibereifung und Straßenbeanspruchung bei Radschleppern.

Ergebnisse der Reifenuntersuchungen am Fordson-Schlepper.

Die Räder der Schlepper werden für Straßenarbeit mit Gummibereifung ausgerüstet. Soll der Schlepper sowohl auf dem Acker als auch auf der Straße arbeiten, so sind entweder die Greifer gegen Gummibereifung auswechselbar (z. B. Pöhl), oder der Schlepper erhält für jede Verwendungsart besondere Räder (z. B. Fordson, W. D.).

Die Hinterachse der meisten Schlepperbauarten ist nicht gefedert. Insbesondere bei Blockkonstruktionen ist die unabgefederte Hinterachse gebräuchlich, da eine Abfederung die Bauart komplizierter macht und die Herstellung des Schleppers verteuert. Bei diesen ungefederten Bauarten wird das gesamte Hinterachsgewicht nur durch die Bereifung der Räder abgefedert.

Um über den Einfluß der Bereifung und über die Straßenbeanspruchung durch ungefederte Schlepper Aufschluß zu gewinnen, sind mit dem Fordson-Schlepper besondere Untersuchungen ausgeführt worden.

Eine umfassende Arbeit über Bereifungen von Kraftfahrzeugen (Lastkraftwagen, Personenkraftwagen, Schleppern) kommt demnächst zur Veröffentlichung. Hier soll nur über die Ergebnisse der Reifenuntersuchungen am Fordson-Schlepper berichtet werden.

Kennzeichnung der Versuchsreifen.

Der Fordson-Radschlepper (vgl. S. 121) war im Anlieferungszustand mit „Amobo“-Reifen der A. G. für motorische Bodenbearbeitung und Kraftfahrzeuge, Berlin, ausgerüstet.

Die Vorderräder des Schleppers trugen Amobo-Einfachreifen 620 × 85 × 500 mm (Abb. 180). Der Reifenquerschnitt ist dem Felgendurchmesser entsprechend sehr klein und ohne Hohlraum.

Das Gewicht eines Vorderrades mit Amoboreifen beträgt 57,7 kg.

Die Untersuchungen wurden an einer gefederten und einer ungefederten Vorderachse vorgenommen. Die in Deutschland hergestellte gefederte Vorderachse hat eine Feder mit 8 Blättern, 840 mm Spannweite und im unbelasteten Zustand eine Pfeilhöhe von 75 mm (Abb. 181). Bei dem statischen Vorderachsdruck beträgt die Zusammendrückung 31 mm.

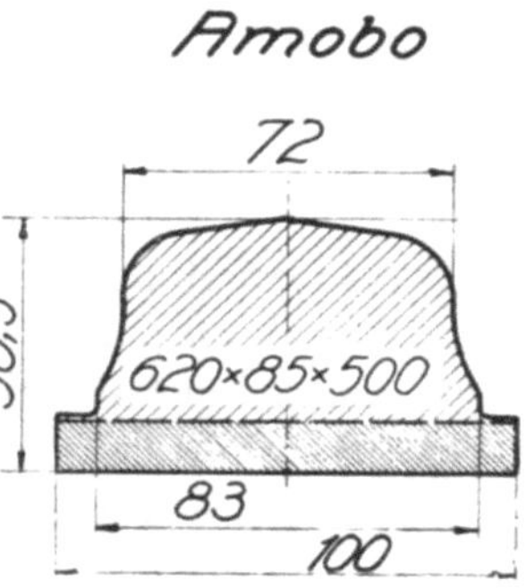

Abb. 180.
Profil der Vorderradbereifung des Fordson-Schleppers.

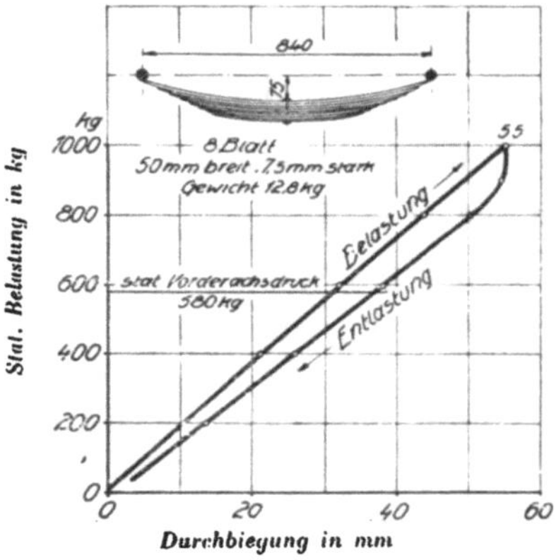

Abb. 181.
Statische Federungscharakteristik der Vorderachsfeder des Fordson-Schleppers (Vorderachse, deutsche Ausführung).

Die Triebräder des Fordson waren zunächst mit „Amobo"-Doppelreifen 850×140 mm bereift (Abb. 182).

Der Reifenquerschnitt ist breit gehalten und ohne Hohlraum. Die Lauffläche ist gerade. Wechselseitig hat der Reifen Einschnitte von 36 mm Breite. Den Einschnitten gegenüber befinden sich an der anderen Seitenwand des Reifens rechteckige Aushöhlungen.

Das Gewicht zweier Amoboreifen 850×140 mm beträgt 120 kg.

Anschließend an die Untersuchung der Amobobereifung wurden die Triebräder des Fordson-Schleppers mit **Fulda-Parabel-Kissenreifen** 850×150×1065 mm doppelt der Firma Gummiwerke Fulda A. G., Fulda, bereift (Abb. 182 und 183).

Die gleichen Reifen wurden bereits im Rahmen einer größeren Reifenuntersuchung an einem N. A. G.-Omnibus-Fahrgestell erprobt und erhielten zur Unterscheidung von anderen Fulda-Parabel-Kissenreifen die Bezeichnung Fulda-Parabel-Kissenreifen I.

Der Querschnitt des Reifens ist schmal und hoch und für elastische Druckaufnahme besonders ausgebildet. Die Begrenzungslinien der Seitenwände sind Parabeln. Die Lauffläche des Reifens ist leicht gekrümmt und in der Mitte gerillt. Zu beiden Seiten hat der Reifen abwechselnd keulenartige Einschnitte, deren Form sich in den Reifenabdrücken (Abb. 186) ausprägt. Das Stahlband des Reifens ist muldenförmig profiliert und in der Mitte geteilt. Die Teilungsfuge

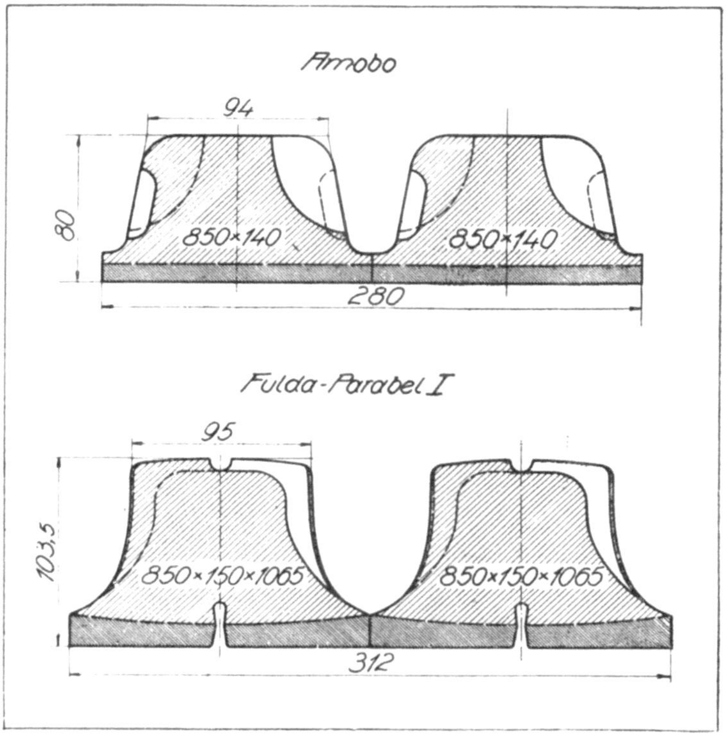

Abb. 182. Profile der Triebradbereifungen des Fordson-Schleppers.

steht mit einem Hohlraum im Reifenfuß, welcher die Federungswirkung des Reifens verbessert, in Verbindung.

Zwei Fulda-Parabelreifen wiegen 150 kg.

Der auf Seite 121 eingehend beschriebene Fordson-Radschlepper hatte bei der Reifenuntersuchung folgende Achsdrücke:

Vorderachsdruck 580 kg,
Hinterachsdruck 1500 kg.

Ein Triebrad wiegt 308 kg ohne Bereifung.

Versuchsverfahren.

Die Federungswirkung der Reifen wurde statisch und dynamisch untersucht.

Bei der statischen Untersuchung wird die Eindrucktiefe der Gummibereifung eines Rades bei verschiedenen Druckbelastungen und bei Auflage des Reifens auf ebener Fahrbahn und auf Hindernissen bestimmt (stat. Federungscharakteristik).

Abb. 183. Fulda-Parabel-Kissen-Reifen.

Die Größe der Auflagefläche der Bereifung wird durch Abdrücken der mit einem Farbstoff eingeriebenen Lauffläche auf Papier ermittelt.

Die dynamische Untersuchung erfolgte auf dem Wagenprüfstande der Versuchsanstalt für Kraftfahrzeuge. Auf eine der Lauftrommeln wird das Hindernis aufgeschraubt, dessen Breite gleich der Laufbreite der Trommel gewählt ist, so daß das Rad in seiner ganzen Breite das Hindernis überfährt. Die beim Überfahren des Hindernisses ausgelösten Radschwingungen werden mit Hebelübersetzung auf eine Indikatortrommel gezeichnet. Aus den Schwingungen läßt sich der Abstand des Radmittelpunktes von der Fahrbahn und damit die Eindrucktiefe der Bereifung für jede Stellung des Rades ermitteln und ergibt mit den Werten der statischen Federungscharakteristik die auf die Fahrbahn wirkenden Kräfte (Bahndrücke).

Versuchsergebnisse.

Statische Federung.

Die Bereifung von Kraftfahrzeugen federt um so weicher, je größer ihre Eindrucktiefe bei gleicher Belastung ist.

Hierüber gibt die statische Federungscharakteristik (Abb. 184 und 185) Aufschluß.

Bei kleinen Belastungen drückt sich die Bereifung besonders bei Auflage auf Hindernissen stark zusammen. Die Versuchsanordnung ist hierbei derart, daß die Bereifung in der Nullstellung das Hindernis eben berührt. Bei kleineren Belastungen drückt sich zunächst nur das Hindernis in die Bereifung ein. Erst bei größeren Drücken legt sich die Bereifung vor und hinter dem Hindernis auf die Fahrbahn auf. Die Bereifung „schluckt" das Hindernis.

Bei dem statischen Raddruck des Fahrzeuges, der durch wagerechte Linien in den Abbildungen 184 und 185 gekennzeichnet ist, drückt sich z. B. die Triebradbereifung bei der Belastung auf ebener Fahrbahn wie folgt zusammen:

Amobo	3,2 mm,
Fulda-Parabel	5,8 mm.

Die Eindrucktiefen des Fulda-Parabelreifens sind also bei gleicher Belastung bedeutend größer.

Die Reifeneindrückung geht bei der Entlastung nicht sofort ganz zurück, wie aus dem Unterschied der Belastungs- und Entlastungskurve zu ersehen ist.

Die Reifeneindrückung bei statischer Belastung wird durch die dynamischen Zusatzdrücke vergrößert. Hierbei ist die Zunahme der Eindrückung wesentlich, welche der Reifen bei der Zunahme des Bahndruckes von z. B. 1000 kg hat.

Bei einer Belastungssteigerung von 750 auf 1750 kg beträgt die Zunahme der Eindrucktiefe bei der Triebradbereifung:

Amobo	2,35 mm,
Fulda-Parabel	4,15 mm.

Die absolute Federungswirkung der Bereifung ist nach den Ergebnissen der Reifenuntersuchungen gleich der von den Reifen bei der Mehrbelastung aufgenommenen Arbeit.

Auflagefläche und Pressung.

Abb. 186 zeigt die Auflagefläche der Triebrad-Doppelreifen Amobo und Fulda-Parabel bei 1000 kg und eines Vorderradreifens bei 500 kg Raddruck.

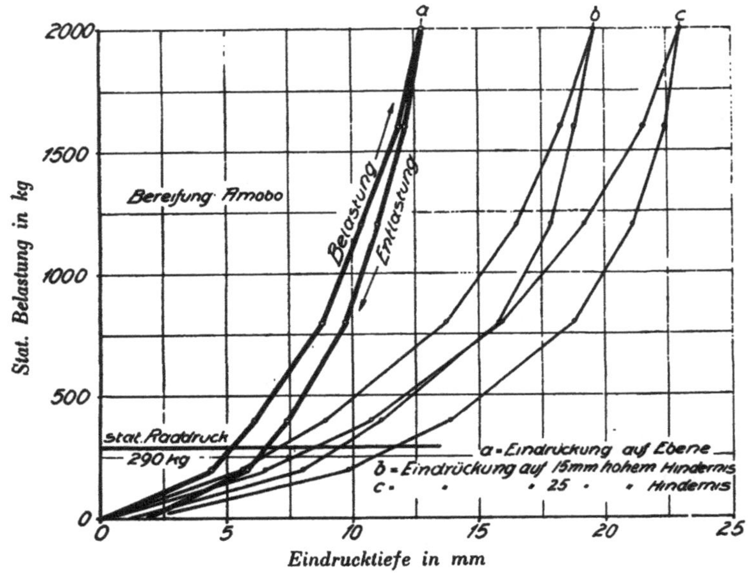

Abb. 184. Statische Federungscharakteristik der Vorderradbereifung des Fordson-Schleppers.

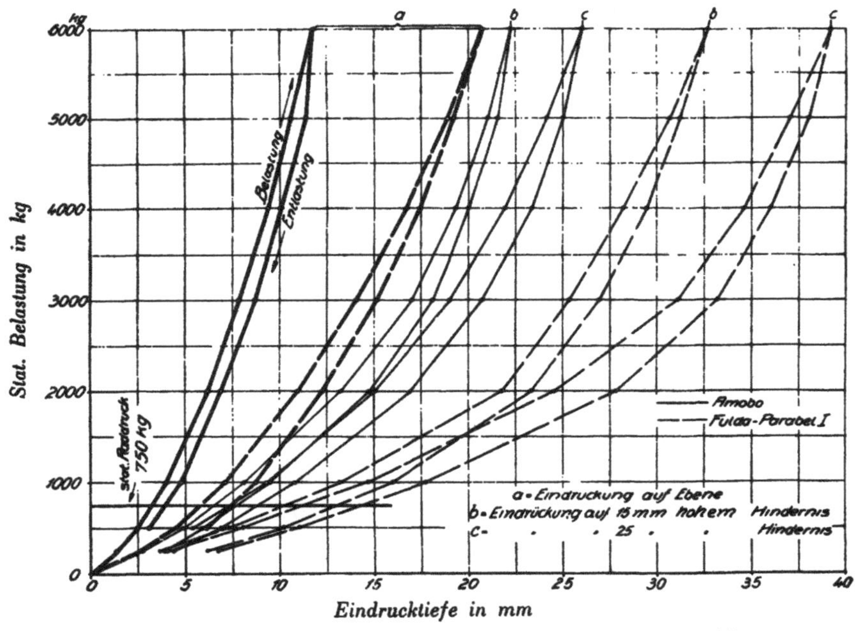

Abb. 185. Statische Federungscharakteristik der Triebradbereifung des Fordson-Schleppers.

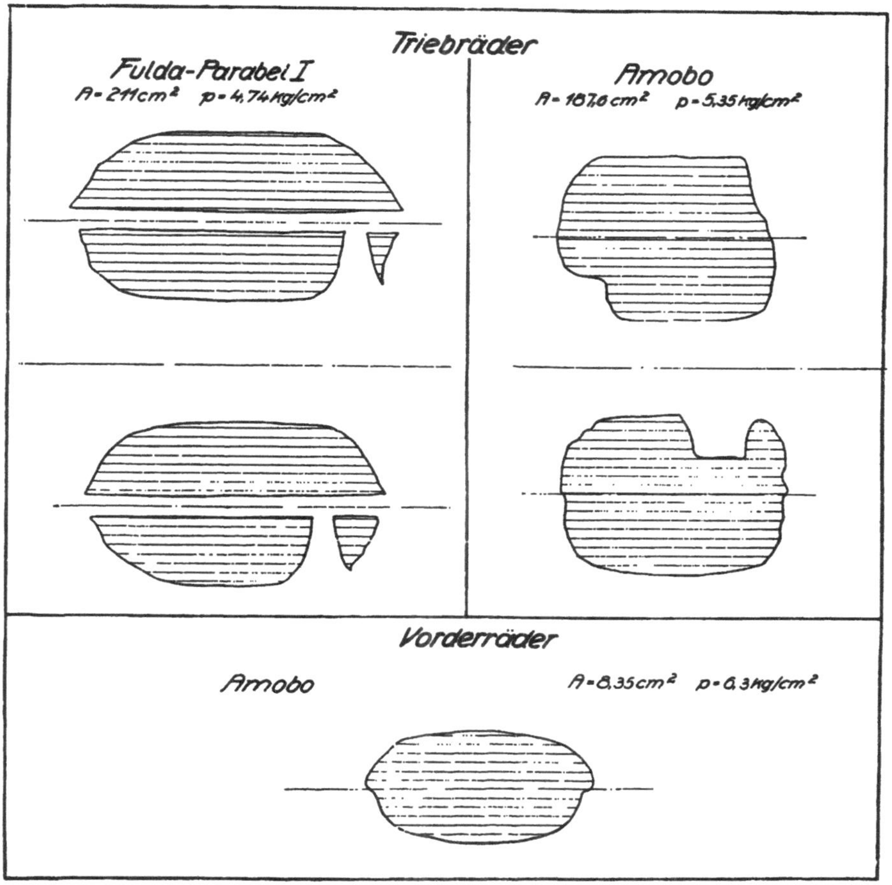

Abb. 186. Auflagefläche der Vorderradbereifung bei 500 kg und der Triebradbereifung bei 1000 kg Raddruck.

Die mittlere Bodenpressung in kg/cm² in den Auflageflächen ist in Abb. 187 bei verschiedenen Belastungen aufgetragen. Die durch den Nullpunkt gehenden Strahlen sind die Linien gleicher Pressungen.

Der Fulda-Parabel-Triebradreifen liegt wiederum günstiger als der Amoboreifen. Bei dem statischen Raddruck beträgt die mittlere Pressung:

Amobo	4,8 kg/cm²,
Fulda-Parabel	4,3 kg/cm².

Der Amobo-Voderradreifen ergibt bei der statischen Belastung eine wesentlich höhere Pressung von 6,9 kg/cm².

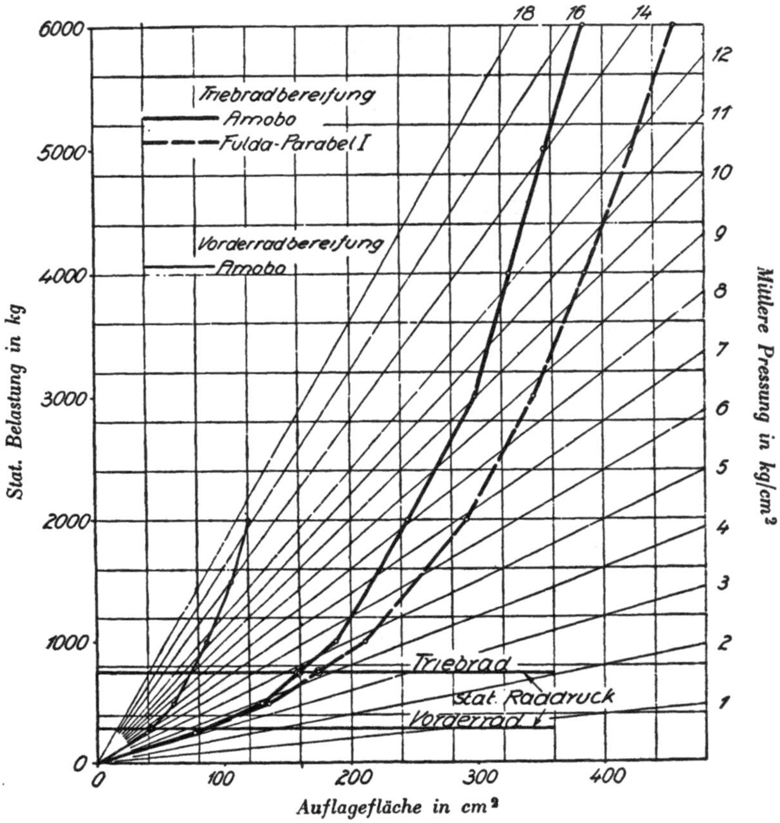

Abb. 187. Auflagefläche und mittlere Pressung der Vorderrad- und Triebradbereifung des Fordson-Schleppers.

Die Beanspruchung der Straßendecke ist von der Höhe der dynamischen Zusatzdrücke entscheidend abhängig. Mit diesen steigt die Pressung in der Auflagefläche.

Dynamische Federung.

Die auf dem Wagenprüfstande bei Fahrt über ein 15 mm hohes Hindernis gemessenen Schwingungen der Vorderräder und der Hinterräder sind in den Abb. 188 und 189 für 5, 10 und 15 km/Std. Fahrgeschwindigkeit entsprechend dem Geschwindigkeitsbereich des Fordson-Schleppers zusammengestellt. Die nach rechts offene Krümmung aller Schwingungen entsteht durch die endliche Länge des Indikator-Schreibhebels.

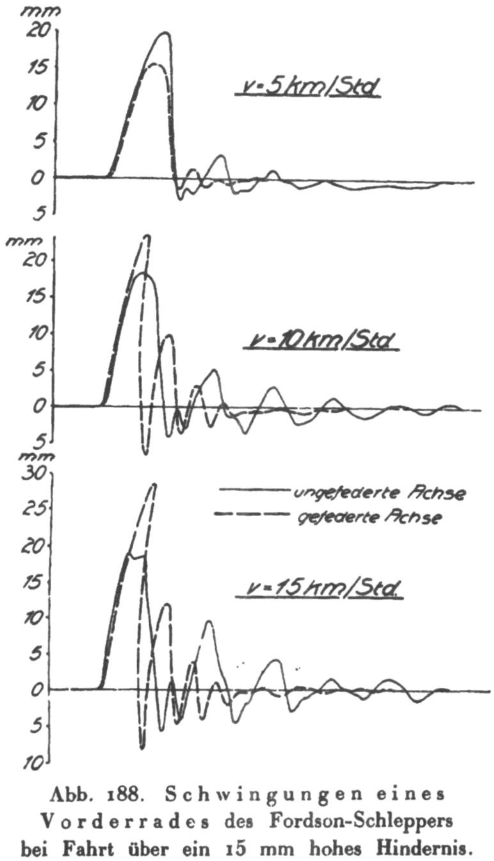

Abb. 188. Schwingungen eines Vorderrades des Fordson-Schleppers bei Fahrt über ein 15 mm hohes Hindernis.

Die gefederte Vorderachse springt bei niedrigen Fahrgeschwindigkeiten (5 km/Std.) weniger, dagegen bei den höheren Fahrgeschwindigkeiten (10 und 15 km/Std.) stärker als die ungefederte Achse (Abb. 188).

Bei den Triebrädern (Abb. 189) sind die Schwingungen des Fulda-Parabelreifens (gestrichelte Kurven) bei allen Fahrgeschwindigkeiten bedeutend kleiner als die des Amoboreifens.

Die größten Sprunghöhen der Räder, welche in Abb. 190 gezeigt werden, wachsen bei dem Amoboreifen im Geschwindigkeitsbereich zwischen 5 und 10 km/Std. stark an. Ihr Höchstwert beträgt 29,4 mm.

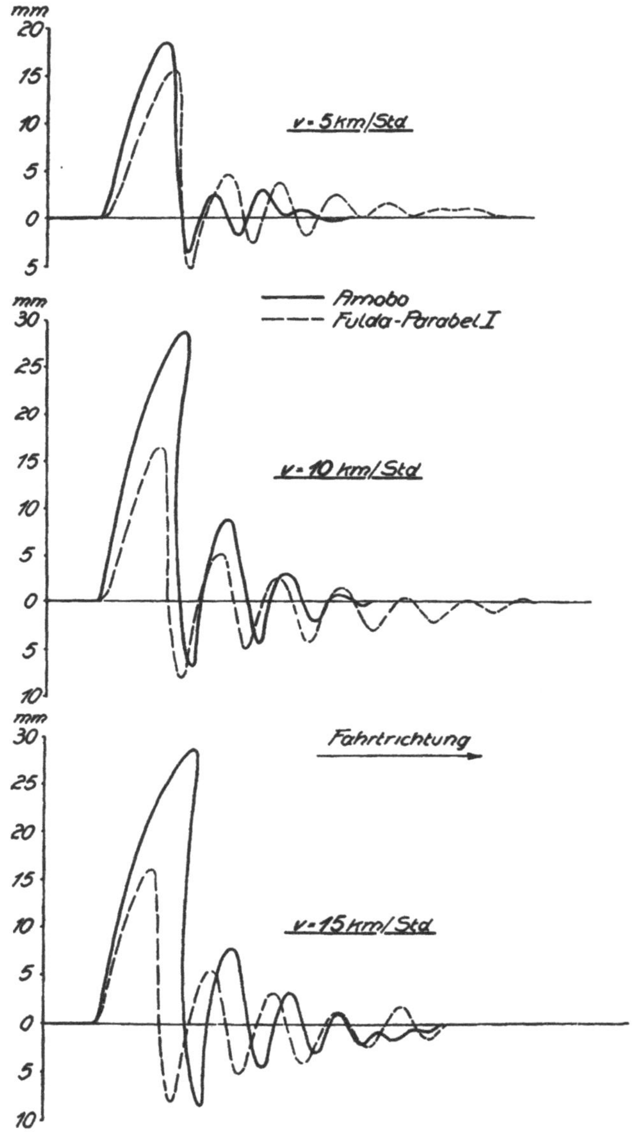

Abb. 189. Schwingungen des Triebrades des Fordson-Schleppers bei Fahrt über ein 15 mm hohes Hindernis.

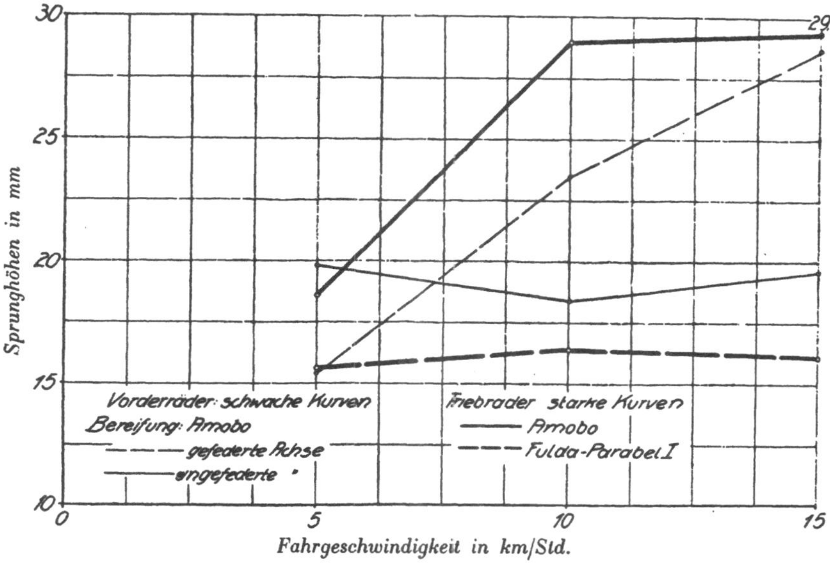

Abb. 190. **Größte Sprunghöhen der Vorderrad- und Triebradbereifung** des Fordson-Schleppers bei Fahrt über ein 15 mm hohes Hindernis.

Hingegen bleiben die größten Sprunghöhen bei den Fulda-Parabelreifen bei allen Fahrgeschwindigkeiten mit 16,1 mm niedrig und gleich.

Die **vertikalen Bahndrücke** sind entsprechend den Schwingungsdiagrammen für 5, 10 und 15 km/Std. in den Abbildungen 191 und 192 dargestellt.

Die gefederte Vorderachse hat bei 10 und 15 km/Std. um 100 % höhere Bahndrücke als die ungefederte ergeben.

Die Ursache ist die größere Wurfhöhe des Rades (Abb. 188, 10 und 15 km/Std.), die in der Abwärtsbewegung einen stärkeren Ausschlag der Schwingung nach unten und daher größeren Aufschlag der Räder auf der Fahrbahn zur Folge hat.

Bei den gleichen Fahrgeschwindigkeiten wird der Bahndruck vorübergehend gleich Null, d. h. das Rad springt vom Boden ab.

Die Bahndrücke der Fulda-Parabel- und Amobo-Triebradreifen bestätigen die in der statischen Untersuchung gefundenen Werte. Bei allen Fahrgeschwindigkeiten hat der Fulda-Parabelreifen wesentlich geringere Bahndrücke ergeben. Bei 10 km/Std. Fahrgeschwindig-

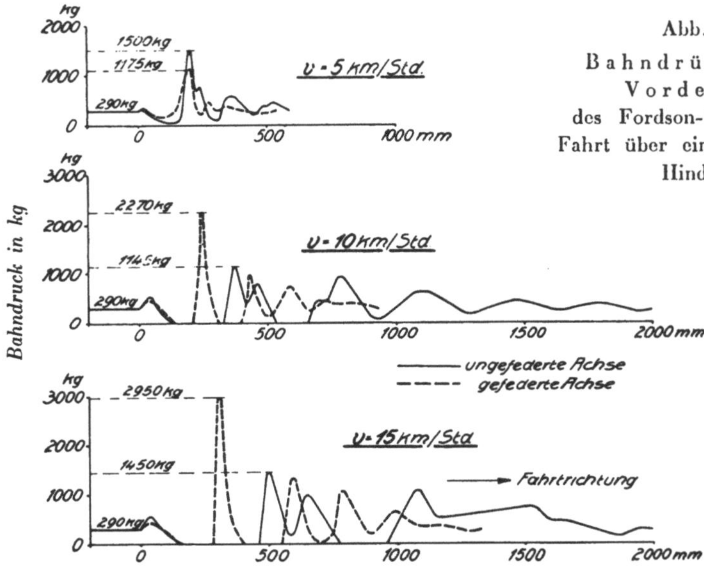

Abb. 191. Bahndrücke eines Vorderrades des Fordson-Schleppers bei Fahrt über ein 15 mm hohes Hindernis.

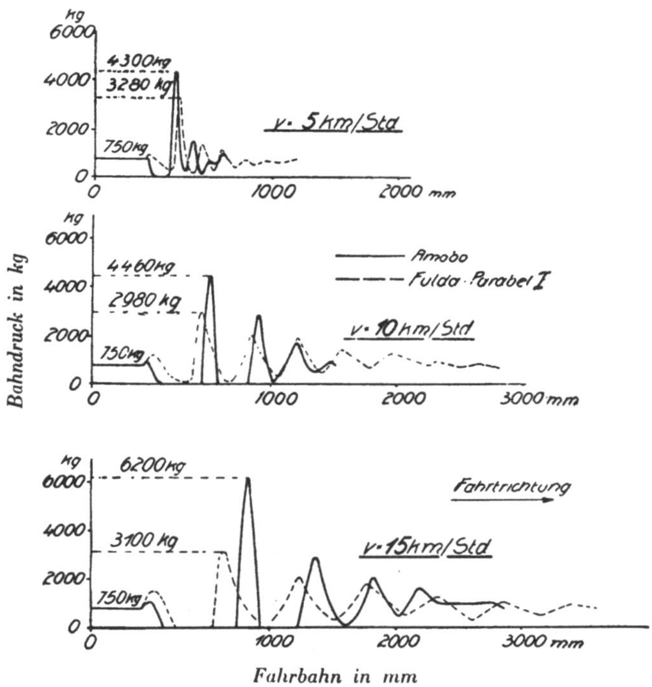

Abb. 192. Bahndrücke eines Triebrades des Fordson-Schleppers bei Fahrt über ein 15 mm hohes Hindernis.

keit und Fahrt über ein 15 mm hohes Hindernis beträgt der größte Bahndruck

2980 kg mit Fulda-Parabelreifen,
4460 kg mit Amoboreifen.

Die Bahndrucksteigerung in Prozenten des statischen Bahndruckes beträgt:

Vorderräder (290 kg stat. Raddruck)

	ungefederte Achse	gefederte Achse
bei 5 km/Std.	420 %	305 %
„ 10 „	300 %	680 %
„ 15 „	400 %	920 %

Triebräder (750 kg stat. Raddruck)

	Amobo	Fulda-Parabel
bei 5 km/Std.	475 %	337 %
„ 10 „	495 %	300 %
„ 15 „	725 %	315 %

Die mittlere Pressung in der Auflagefläche ist ebenfalls sehr hoch und erreichte bei Fahrt über ein 15 mm hohes Hindernis folgende Werte:

Vorderrad

	ungefederte Achse	gefederte Achse
bei 5 km/Std.	14,0 kg/cm²	12,5 kg/cm²
„ 10 „	12,0 „	17,0 „
„ 15 „	13,5 „	20,0 „

Triebrad

	Amobo	Fulda-Parabel
bei 5 km/Std.	13,0 kg/cm²	9,2 kg/cm²
„ 10 „	13,2 „	8,6 „
„ 15 „	16,0 „	8,9 „

Zu diesen Unterschieden in den Bahndrücken vergleiche auch die Ausführungen im I. Teil Seite 21.

DRUCK VON SIEGFRIED SCHOLEM
BERLIN-SCHÖNEBERG.

Bei Fragen zur Produktsicherheit wenden Sie sich bitte an:
If you have any questions regarding product safety,
please contact:

Walter de Gruyter GmbH
Genthiner Straße 13
10785 Berlin
productsafety@degruyterbrill.com